U0318968

废旧锂离子电池
钴酸锂浸出技术

罗胜联　曾桂生　罗旭彪　著

北　京
冶金工业出版社
2023

内 容 提 要

本书分别从常规酸浸、生物浸出、电化学浸出三方面阐述废旧锂离子电池正极材料钴酸锂中钴的浸出，内容包括绪论、钴酸锂的酸浸研究、钴酸锂的生物浸出实验研究、氧化亚铁硫杆菌浸出钴酸锂的电化学机理、金属离子作用下钴酸锂的生物浸出、钴酸锂的电化学浸出探索等。

本书适合高等院校相关专业师生及科研院所的研究人员阅读参考。

图书在版编目(CIP)数据

废旧锂离子电池钴酸锂浸出技术/罗胜联，曾桂生，罗旭彪著 . —北京：冶金工业出版社，2014.3（2023.11 重印）
ISBN 978-7-5024-6512-4

Ⅰ.①废… Ⅱ.①罗… ②曾… ③罗… Ⅲ.①锂离子电池—钴—浸出—研究 Ⅳ.①TM912

中国版本图书馆 CIP 数据核字（2014）第 031708 号

废旧锂离子电池钴酸锂浸出技术

出版发行 冶金工业出版社		**电　话**	（010）64027926
地　址 北京市东城区嵩祝院北巷 39 号		**邮　编**	100009
网　址 www.mip1953.com		**电子信箱**	service@ mip1953.com

责任编辑　杨盈园　美术编辑　彭子赫　版式设计　孙跃红
责任校对　禹　蕊　责任印制　禹　蕊
北京富资园科技发展有限公司印刷
2014 年 3 月第 1 版，2023 年 11 月第 2 次印刷
850mm×1168mm　1/32；4.25 印张；110 千字；123 页
定价 18.00 元

投稿电话　（010）64027932　投稿信箱　tougao@cnmip.com.cn
营销中心电话　（010）64044283
冶金工业出版社天猫旗舰店　yjgycbs.tmall.com
（本书如有印装质量问题，本社营销中心负责退换）

前　言

　　电子信息技术产业已经成为我国发展最快的产业之一，由此产生的废弃电子产品也快速增长。大量电子废弃物的无序回收及原始落后的处理方式，造成了资源浪费和严重的环境污染。传统火法或湿法处理废弃锂离子电池均存在不足，采用生物浸出技术处理废弃锂离子电池优势明显，但是仍有诸多关键科学和技术问题尚未解决。作者结合多年的研究及当前企业应用技术，阐述了废旧锂离子电池正极材料钴酸锂的强化技术并研究了其浸出机理。

　　本书从常规酸浸、生物浸出、电化学浸出三方面阐述废旧锂离子电池正极材料钴酸锂中钴的浸出，以期为废弃锂离子电池的资源化处理提供比较完整的理论基础和技术指导。具体研究内容如下：

　　（1）进行了常规酸浸研究分析。目前废弃锂离子电池中金属浸出主要以无机酸为主，现在也逐渐开始采用有机酸进行浸出的研究。目前研究的主要浸出体系包括盐酸、硝酸、硫酸。为了提高钴的浸出率，工业上以硫酸和过氧化氢浸出体系为主，一般采用高温浸出，基本上能使钴和锂全部浸出。

　　（2）重点对氧化亚铁硫杆菌浸出废旧锂离子电池中的钴进行了研究，从浸出影响因素、浸出过程电化学机理、金属离子催化三方面进行了对氧化亚铁硫杆菌浸出废弃锂离子电池中金属钴的研究。

　　1）从污泥中采集氧化亚铁硫杆菌菌种，采用稀释涂布平板法对富集培养的菌液分离纯化,对分离纯化后的菌种进行生理和形态鉴定,并系统考察了不同浸出条件(pH 值、浸出时间、温度、电池粒度、固液比等)对钴酸锂浸出率的影响。实验结果表明,经过富集、分离、纯化后的细菌菌种为氧化亚铁硫杆菌。最佳浸出实验条件为:接种量为 5%、振荡温度为 35℃、振荡速率为 160r/min、初始 pH 值为 1.5、初始硫酸亚铁浓度为 45g/L、固液比为 3%。在最佳的浸出条件下,钴浸出率最高可达到 48.1%。

2) 采用电化学的理论及技术研究细菌浸出钴酸锂中金属过程电化学行为,并探讨浸出过程的电化学机理。通过电化学点腐蚀实验表明,无菌条件下的开路电位在 0.34V,而在有菌条件下为 0.32V,表明细菌促进了钴酸锂的氧化腐蚀;有菌条件下和无菌条件下的循环伏安曲线都表明在 0.581V 时,电流随着电位的增加而明显增加,在 1.172V 左右出现阳极峰,但有菌条件下的峰电流明显大于无菌条件下的峰电流;钴酸锂的阳极极化曲线表明在 25℃、扫描速度 10mV/s 条件下,钴酸锂在溶液中的腐蚀电位为 0.420V,致钝电位为 0.776V,钝化电位为 0.802V,而在无菌条件下氧化电流小,所以不产生钝化膜。由不同扫描速率下的阳极极化曲线可知,钴酸锂细菌浸出阳极氧化反应不可逆,且反应速率受钴酸锂电化学反应和扩散步骤的混合控制;浸出过程的 Tafel 曲线表明,细菌的加入有利于钴酸锂阳极反应的进行,抑制阴极反应的进行。

3) 研究了不同价态金属离子 Ag^+、Cu^{2+} 和 Bi^{3+} 等强化氧化亚铁硫杆菌浸出废旧锂离子电池中钴的浸出。通过测定浸出前后溶液中 pH 值和 Eh 的变化,以及细菌浓度的变化来说明其与浸出效率曲线之间的关系，并通过 XRD、EDS 和 SEM 等手段来推测金属离子催化细菌浸出废旧锂离子电池中金属的机理。结果表明，0.02g/L 银离子可使钴浸出率在第 5 天达到 99.4%，0.75g/L 的铜离子可使钴浸出率在第 6 天达到 99.9%。铋离子浓度为 5g/L 时，钴酸锂的浸出率在第 7 天才达到了 80.4%，催化效果明显不如铜和银。

（3）最后进行了电化学方法浸出废旧锂离子电池中钴的可行性探索，并提出 Fe^{3+}/Fe^{2+} 循环使用的反应器。研究表明 Fe^{3+}/Fe^{2+} 的循环使用是可行的。该反应器通过盐桥传递电子的原理使反应池中 Fe^{3+} 在阴极区得到电子转化成 Fe^{2+}，Fe^{2+} 与 $LiCoO_2$ 作用生成 Fe^{3+} 和 Co^{2+}，生成的 Fe^{3+} 继续获取电子生成 Fe^{2+}，反应过程中 Fe^{3+} 循环使用，整个浸出过程中钴酸锂转化成 Co^{2+} 并消耗反应器中的 H^+，在浸出过程中需向反应池中补充一定量的酸，以保证反应的进行。

本书生物浸出部分实验工作由研究生邓孝荣完成。对本书中参考资料的作者们表示感谢。

本书若有不妥之处，望读者批评指正。

感谢国家自然科学基金委员会的资助（51266011），感谢南昌航空大学对本书出版的支持。

作　者
2013 年 12 月

目　录

绪　论

1.1　锂离子电池简介

锂离子电池是继 Ni-MH 电池后新一代充电电源，它的出现称得上是二次电池历史上的一次飞跃。锂离子电池比能量是镍镉电池的 2~3 倍、镍氢电池的 1.5~2 倍，自放电小、电池能量密度高、质量轻、无记忆效应、充放电循环寿命可达到 1000 次以上，被称为充电电池的极品，是移动电话、摄像机、笔记本电脑等便携式电器上的理想电源，也是未来电动汽车用轻型高能动力电池的首选电源。在笔记本电脑和通信领域，锂离子电池占有 90% 以上的市场，而且，这个比例还将继续加大。所以可以预测，在未来的发展中，锂离子电池将会占有一席之地，市场占有份额将日益扩大。

2000 年，我国锂离子电池产量约 0.2 亿节，占全球份额的 3.6%；2001 年，随着深圳的比亚迪、邦凯、比克，以及天津力神等锂离子电池巨头公司的迅速发展，我国的锂电池行业迅速扩张，到 2005 年，产量已高达 7.6 亿节，占全球份额的 37.1%，仅次于日本。2005~2008 年，我国的锂离子电池在全球的市场占有率为 34%。2010 年和 2011 年我国的锂离子电池产量分别为 20 亿节和 29.6 亿节，市场占有率明显增加，如图 1-1 所示。赛迪经智统计数据显示，2012 年全球锂离子电池产量达到 58.6 亿节，同比增长 26.3%；产业规模达到 207 亿美元，同比增长 35.3%，而中国锂离子电池在 2012 年产量达到 39.2 亿节，同比增长 32%；产业规模达到 556.8 亿元，同比增长 39.4%，如图 1-2 所示。目前，中国、日本及韩国生产的锂离子电池占全球产量的 90% 以上。中国已成为锂离子电池的最大生产、消费和出口国。未来五年，传统小型锂离子电池将在平板电脑和超级本的带动下呈现稳定增长的趋势，动力电池和储能电池将是锂离子电池产业新的增长点。

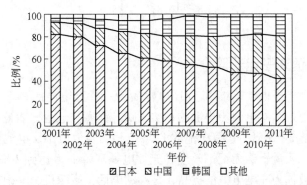

图 1-1　2001～2011 年全球锂离子电池三大生产国市场份额图
（数据来源：赛迪顾问　2012 年 2 月）

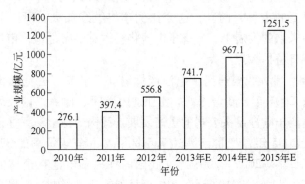

图 1-2　2010～2015 年中国锂电池产业规模

　　锂离子电池可分为一次和二次锂离子电池。一次锂离子电池的阴极为金属锂，锂容易燃烧，甚至爆炸，安全性得不到保障，所以，运用受到了极大地限制。而二次锂离子电池的负极为炭粉；电解液为 $LiClO_4$、$LiBF_4$ 和 $LiPF_6$。正极材料已经从单一的钴酸锂材料，发展到锰酸锂、镍钴酸锂、镍钴锰酸锂、磷酸铁锂等。目前国内市场上锂电池正极材料主要有钴酸锂和锰酸锂。钴酸锂作为第一代商品化的锂电池正极材料是目前最成熟的正极材料，在短时间内，特别是在通信电池领域还有不可取代的优势。相比较于一次锂离子电池，二次锂离子电池的安全性得到了保障，但加入了金属 Co 和其他金属的氧化物，而这些金属都是有毒重金属。

二次锂离子电池的组成为：金属和塑料外壳及内芯，其中内芯包括正极、负极和电解液。而正极由 $LiCoO_2$、黏合剂和乙炔黑混合后涂布于铝箔上；负极由炭粉、乙炔黑导电剂、黏合剂组成。将它们混合后涂布于铜箔上，用聚乙烯或聚丙烯将正负极隔开，并在电池内芯冲入六氟磷酸锂作为电解液。电极工作原理如下：

正　极：$LiCoO_2 \rightleftharpoons Li_{1-x}CoO_2 + xLi + xe^-$

负　极：$6C + xLi + xe^- \rightleftharpoons Li_xC_6$

总反应：$LiCoO_2 + 6C \rightleftharpoons Li_{1-x}CoO_2 + Li_xC_6$

1.2 废旧锂离子电池回收处理的意义

1.2.1 废旧锂离子电池的危害

巨大的电池生产消费带来了数目惊人的废电池，一系列的环境问题也显现出来。电池经过无数次的充电放电之后，电池的充电量将会逐渐减小，直至报废，所以必然会产生大量的废旧锂离子电池。如果对这些废旧锂离子电池不循环重复利用，一方面锂离子电池中的电解液 $LiClO_4$、$LiBF_4$、$LiPF_6$ 会泄露于环境中，正极材料中的钴和镍等有毒的金属氧化物也会进入生态系统中，这些物质都会对生态环境造成极大的危害，并影响到人类的健康。如六氟磷酸锂有强腐蚀性，遇水易分解产生 HF，易与强氧化剂发生反应，燃烧产生 P_2O_5，若采用简单掩埋的方法处理，必将对环境造成危害；难降解有机溶剂及其分解和水解产物，如DME（二甲氧基乙烷）、甲醇、甲酸等，这些有毒有害物质会对大气、水、土壤造成严重的污染并对生态系统产生危害。美国已将锂离子电池归类为一种包括易燃性、浸出毒性、腐蚀性、反应性等有毒有害性的电池，是各类电池中包含毒性物质最多的电池。另外，废旧锂离子电池中含有大量的可循环利用的贵重金属（如钴、锰、镍等），这些贵重金属如果不重复利用，也造成资源的极大浪费。目前我国还没有建立起完善的废旧锂电池的回收体系，所以从资源的回收和环境问题两方面综合考虑，锂离子电池的回收技术亟待解决。

1.2.2 国家政策背景

2004 年 12 月通过的《中华人民共和国固体废物污染环境防治法》规定：国家对固体废物污染环境的防治，实行减少固体废物的产生、充分合理利用固体废物和无害化处置固体废物的原则。国家鼓励、支持综合利用资源，对固体废物实行充分回收和合理利用，并采取有利于固体废物综合利用的经济、技术政策和措施。

2006 年 2 月，由国家环保总局、信息产业部等国家四部委联合下发的《电子信息产品污染管理办法》要求，电子产品要标记安全使用期限，超期产品要作强制回收处理，禁止再流入市场。该《办法》要求在 2007 年 3 月起开始实行。

2007 年 9 月 7 日，国家环境保护总局（现国家环境保护部）通过《电子废物污染环境防治管理办法》，自 2008 年 2 月 1 日起施行。该《办法》规定，无照经营电子废物拆解的，最高可处罚 50 万元，且今后将禁止露天焚烧电子废物和直接填埋的方式，废旧电子电器产品必须在专门作业场所进行拆解。

2008 年 6 月 6 日，国家环保部、国家发改委联合发布 2008 年 1 号令，根据《中华人民共和国固体废物污染环境防治法》，特制定、颁布《国家危险废物名录》，自 2008 年 8 月 1 日起施行。根据该《名录》，在工业生产、生活和其他活动中产生的废电子电器产品、电子电气设备，经拆散、破碎、砸碎后分类收集的铅酸电池、镉镍电池、氧化汞电池、汞开关、阴极射线管和多氯联苯电容器等部件，以及废弃的印刷电路板等废弃物均被列为危险废物（废物类别：HW49）。根据《危险废物经营许可证管理办法》的规定，在中华人民共和国境内从事危险废物收集、贮存、处置经营活动的单位，应当依法领取《危险废物经营许可证》。非法经营者，环保主管部门可依法进行经济处罚直至追究刑事责任。

2008 年 8 月 20 日，国务院总理温家宝主持召开国务院常务会议，审议并原则通过了《废弃电器电子产品回收处理管理条例》，2009 年 6 月 22 日以国务院令 551 号发布，将于 2011 年 1 月 1 日起实施。《条例》规定对废弃电器电子产品处理实行目录管理、多渠道回收和集中处理制度，国家建立废弃电器电子产品处理专项基金，条例还规定了拆解处理企业的资质认定制度与政府监督管理职责。

财政部、国家税务总局文件财税〔2011〕115 号，关于调整完善资源综合利用产品及劳务增值税政策的通知，其中提到对销售下列自产货物实行增值税即征即退 50% 的政策：以废旧电池、废感光材料、废彩色显影液、废催化剂、废灯泡（管）、电解废弃物、电镀废弃物、废线路板、树脂废弃物、烟尘灰、湿法泥、熔炼渣、河底淤泥、废旧电机、报废汽车为原料生产的金、银、钯、铑、铜、铅、汞、锡、铋、碲、铟、硒、铂族金属，其中综合利用危险废弃物的企业必须取得《危险废物综合经营许可证》，生产原料中上述资源的比重不低于 90%。

因此，做好废旧锂离子电池的回收利用工作，既可以减少环境污染，又实现了资源的合理利用。国家有关部门正在研究制定一项新的环保制度——生产者延伸制度，即电子产品的制造商有责任对其产品废弃后的回收和处理。随着人们环保意识的不断提高，废弃电池的回收利用工作将越来越引起国家环保部门的重视。同时，国家明确利用废电池提取的有色金属纳入享受国家资源综合利用税收优惠政策的范围，体现了国家鼓励综合利用发展的政策导向。因此，如何在治理"电池污染"的同时，实现废旧电池有色金属资源尤其是钴的综合循环回收，已成为社会关注的热点。

1.2.3 废旧锂离子电池回收的经济效益分析

废旧锂离子电池中钴含量较钴精矿中含量还要高。实现废锂离子电池的资源化回收，能有效缓解我国金属资源的短缺问题。再生处理废旧锂离子电池能获得多种金属及其盐，根据目前该类产品的市场行情，将获得巨大的经济效益，这也是推动废旧锂离子电池回收处理行业发展的主要动力。根据锂离子电池的材料组成分析，其中含有大量的有价金属。以手机电池为例，其中含有约15%的钴、14%的铜、4.7%的铝、25%的铁、0.1%的锂。钟海云等通过对锂离子电池的正极废料铝钴膜回收处理生产草酸钴。结合市场行情，估算了处理1t铝钴膜的成本为13.5万元，销售收入19.0万元，纯利4.56万元。常州某能源新材料有限公司采用常规碱煮—酸浸—萃取工艺，其项目财务评价分析如下。

1.2.3.1 产品成本分析

原料钴锂膜约为195000元/t；以1500t/a锂钴再生料计，生产总成本如表1-1所示。

表1-1 生产总成本

序号	费用名称	单位/万元	序号	费用名称	单位/万元
1	原料费用	29250	6	管理费用	30
2	公用工程费用	112	7	财务费用	15
3	工资及附加	150	8	销售费用	15
4	包装费用	15			
5	折旧费用	75		小 计	29662

1.2.3.2 经济效益分析

销售收入为 1500t×240000 元/t＝36000 万元。经济效益分析如表 1-2 所示。

表 1-2 经济效益分析

序号	名　称	单位	数量
1	生产能力	t/a	
	锂钴再生料	t/a	1500
2	总投资	万元	15000
	其中：建设投资	万元	6000
	建设期利息	万元	0
	流动资金	万元	9000
3	销售收入	万元	36000
4	年总成本	万元	29662
5	年利税总额	万元	6338
6	年利润总额	万元	5261
7	销售利税率	%	17.6
8	销售利润率	%	14.6
9	投资利税率	%	42.25
10	投资利润率	%	35.07
11	投资回收期	a	3.0

1.2.3.3 财务评价结论

按设定的全部条件及基础数据进行建设，本项目投入资金 15000 万元，年销售收入 36000 万元，投入产出比为 1:2.4，销售利润率 17.6%。由此分析，回收利用废锂离子电池，将获得可观的经济效益和显著的社会效益。

1.3　废旧锂离子电池回收技术研究现状

　　废旧锂离子电池的回收对于资源的循环利用和环境生态保护有重大的意义，而且废旧锂离子电池中的钴和锂属于贵重金属，具有较高的回收价值。在锂离子电池中，钴、铝金属主要存在于正极材料钴锂膜中，钴锂膜的处理是回收再生废弃锂离子电池的重点。因为起步晚，当前仍然缺乏高效、经济的锂离子电池回收处理综合利用工艺。回收废旧锂离子电池是重点、热点研究课题，目前回收的方法主要包括干法、湿法和生物法。

1.3.1　废旧锂离子电池的干法回收

　　干法回收是通过物理方法对废旧锂离子电池进行破碎筛选分离，从而直接获得钴酸锂的方法。金泳勋等采用浮选法回收废旧锂离子电池，回收的流程如图 1-3 所示。先拆除金属外壳，获得正极材料的混合粉末，然后在高温条件下于马弗炉中对混合粉末进行高温煅烧，最终得到钴酸锂钴锂氧化物电极材料。浮选法回收废旧锂离子电池的优点是不增加新的污染，能量消耗低，并且

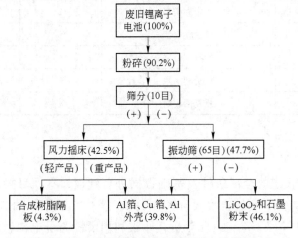

图 1-3　浮选法回收废旧锂离子电池流程

外壳也可以循环利用。但缺点是经过煅烧的重新生成的混合材料需要进一步的处理，而且充放电性能也明显降低。

刘云建探讨了从废旧锂离子电池中回收钴酸锂的方法。先用N，N-二甲基乙酰胺将铝钴膜溶解，获得正极材料，并将正极材料烘干、研磨，然后分别于 450℃ 煅烧 2h，600℃ 煅烧 5h，除去正极材料中的 PVDF 和炭粉，最后用热水洗涤并烘干获得钴酸锂。吕小三等人也采用了高温煅烧法对废旧电池进行分离回收，采用了两种分离石墨和钴酸锂粉末的方法：选择一种密度于石墨和钴酸锂之间的液体，使得液体将石墨和钴酸锂分层，从而达到分离的目的；或高温煅烧法，即将粉末在 700℃ 下高温煅烧，从而获得钴酸锂材料。

综上所述，干法回收废旧锂离子电池的工艺简单，成本较低，但所获得钴酸锂充放电性能明显降低，电池容量明显下降。另外，PVDF 分解产生的 HF 易与 $LiCoO_2$ 反应生成 LiF 和 $HCoO_2$，$HCoO_2$ 也容易发生歧化反应生成 Co_3O_4，使得电极材料的充放电性能降低，所以该方法只能适用于回收前处理，或者回收生产不合格的电池。

1.3.2 废旧锂离子电池的湿法回收

由于湿法制备钴酸锂过程流程简单，而且制备的钴酸锂充放电循环性能好，所以采用湿法回收钴酸锂已成为研究的热点。目前，国内外回收锂电池正极材料主要采用的是酸浸法，所以关于酸浸的文献报道很多。Zhang 等采用 H_2SO_4、$NH_4OH \cdot HCl$ 和 HCl 浸出废旧锂电池。结果显示，废旧锂电池在 HCl 中的溶解效果最好，并且溶出效率随着反应温度的增加而提高。然而，酸浸容易腐蚀设备，这将增加回收的成本。图 1-4 所示为酸浸-碱浸流程示意图。

Mantuano 等采用了 H_2SO_4 和 HNO_3 代替 HCl 浸出 $LiCoO_2$，再加入 H_2O_2 作为还原剂。Lee 和 Rhee 也做了相似的实验，采用 H_2O_2 作为还原剂浸出 $LiCoO_2$，Co 的浸出效率提高了 45%，Li 提

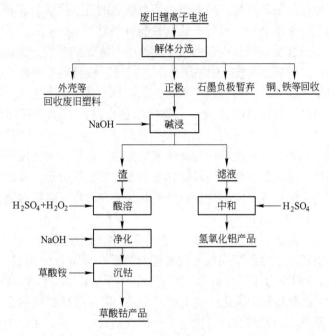

图 1-4 酸浸-碱浸流程

高了 10%。这主要是由于 Co^{3+} 转变成为 Co^{2+}，这样就导致 $LiCoO_2$ 更容易被溶解。Co 和 Li 的浸出效率随着硝酸浓度、浸出过程的温度、加入 H_2O_2 的量和固液比浓度的增加而升高。Shin 等采用 H_2SO_4 浸出废旧 $LiCoO_2$，同时加入强氧化剂 H_2O_2 来促进浸出反应的进行。结果显示，钴酸锂的浸出效率得到了明显的提升。类似地，Ferreira 先用 NaOH 选择性溶解铝，然后用 H_2SO_4 和 H_2O_2 溶解钴酸锂，从而获得 Co 和 Li，这种方法原理比较简单，也比较适合用于废旧钴酸锂的回收。

　　酸浸之后，溶液中的钴都以离子形态存在，要想获得钴的产品，需进行进一步的处理。目前从钴酸锂浸出液中回收钴的方法主要有：溶剂萃取法、化学沉淀法、固相合成复合法和电化学法。

1.3.2.1 溶剂萃取法

在酸浸出钴离子之后，钴离子如何被萃取出来一直备受关注，很多萃取剂如：2-乙醛磷酸（D_2EHPA）、2，4，4-甲基-戊基磷酸（Cyanex 272）、三辛胺（TOA）、乙基己基磷酸（DEHPA）和2-乙基己基膦酸-2-乙基己单酯（PC-88A）等通常作为溶剂被用于分离回收废旧锂离子电池中的 Co 和 Li。Cyanex272 作为萃取剂用于回收废旧锂离子电池的流程如图 1-5 所示。这种方法最大的优势是整个过程操作简单、能耗低、分离效果好，Co、Ni、Cu 和 Li 的回收效率高，并且回收的金属纯度高。但溶剂萃取法也有许多缺点，例如：萃取所采用的溶剂一般较贵，如果大批量的工业化回收，成本就会偏高，因此选择一种价格较便宜的溶剂萃取剂是这种方法能否得到运用的最关键因素。Junmin Nan 同样采用 H_2SO_4 溶解 $LiCoO_2$，再用 AcorgaM5640 和 Cyanex272 两种萃取剂来萃取浸出溶液中的钴，最后通过化学沉积法回收锂。结果表明，90% 的钴以草酸盐的形式沉积，AcorgaM5640 和 Cyanex272 在硫酸溶液中能有效地选择性萃取，铜和钴的回收效率分别超过了 98% 和 97%。表 1-3 为文献中采用的萃取体系及效果。

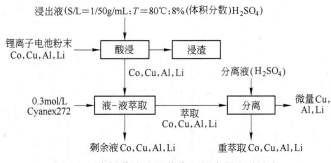

图 1-5 溶剂萃取法回收废旧锂离子电池流程

图 1-6 所示为某工厂钴锂膜回收金属的工艺流程，也是目前锂离子电池回收最成熟、最有代表性的工艺。

表 1-3 萃取体系及效果

萃 取 剂	萃取率/%	文献
0.90mol/L PC-88: 分离 Co/Li	Co 为 100, 纯度=99.99%; Li 为 80, 纯度=99.93%	[36]
10% Acorga M5640: 萃取 Cu; 1mol/LCyanex 272: 分离 Co/Li	Cu 为 97, 纯度=NC; Co 为 99; Li 为 80, 纯度=99.04% (Li_2CO_3 沉淀中 Co 小于 0.96, Cu 小于 0.001)	[62]
10%（质量分数）Acorga M5640: 萃取 Cu; 1mol/L Cyanex 272: 分离 Co/Ni	Cu 约为 98.5, 纯度约为 100%; Co 大于 97, 电池级纯度; Ni 为 96, 电池级纯度	[63]
0.3mol/LCyanex 272: 分离 Co/Li	Co 为 68, Li 为 0, Al 为 100	[23]
0.7mol/L Cyanex 272: 分离 Co/Li	Co 为 88; Li 为 33, Al 为 100;	[26]
1.5mol/L Cyanex 272: 分离 Co/Li	Co 为 85.4（纯度大于 99.9%）	[46]
0.4mol/L Cyanex 272: 分离 Co/Li/Ni	Co 为 95 ~ 98; Ni 约为 1; Li 约为 1; Co 纯度大于 99.99%	[38]
7% PC-88A+2% AcorgaM5640: 萃取 Fe, Cu, Al; 15% Cyanex 272: 分离 Co/Li/Ni	Fe 为 100; Cu 为 100; Al 为 100; Co 为 90; 纯度为 NC	[47]
0.84mol/L Cyanex 272: 分离 Co/Li	Co 约为 100; Ni 约为 30; Li 约为 30	[25]
P507: 分离 Co/Li/Ni	Co 为 65; Ni 为 8; Li 为 8; Co 纯度为 99%	[33]
10%（体积分数）Acorga M5640, Al/Co/Li（pH 值为 1.5 ~ 2.0）中分离 Cu; 10%（体积分数）PC-88A, Co/Li（pH 值为 2.5 ~ 3.0）中分离 Al; 10%（体积分数）PC-88A+5%（体积分数）TOA, 分离 Co/Li（pH 值为 5.5 ~ 6.0）	Cu 约为 100; Al 约为 90; Co 约为 90	[48]

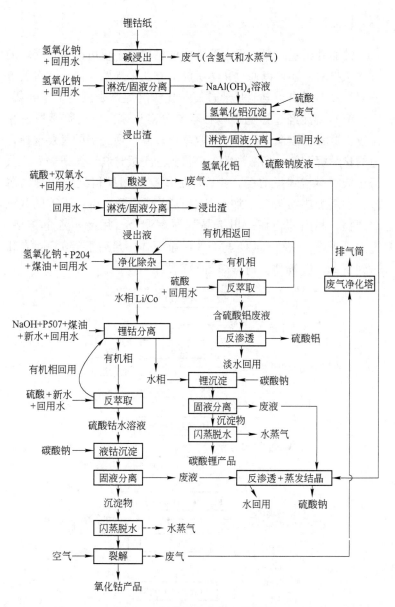

图 1-6　氧化钴生产线工艺流程

1.3.2.2　化学沉淀法

钴酸锂经过酸浸之后，溶液中的钴离子不仅可以通过萃取的方法来提取，还可以通过化学沉淀的方法来提取，而化学沉淀方法回收废旧锂离子电池是通过使用化学沉淀剂来沉淀贵重金属，$Co(OH)_2$ 沉淀经过过滤可以很容易分离出来。与溶剂萃取法相比较，这种方法操作简单，回收率也较高，最关键的是要选择合适的化学沉淀剂。杨海波等人将得到的正极材料干燥研磨后，获得正极材料与碳黑的混合物，然后用硫酸溶解得到钴和锂的溶液，水浴加热到 95℃，加入 Na_2CO_3 得到 $CoCO_3$ 和 Li_2CO_3 的共沉淀产物。利用"溶解—再结晶"原理调节，用无水乙醇溶解、过滤、干燥，获得 $CoCO_3$ 与 Li_2CO_3 前驱体，最后于 750℃烧结 2h 得到了 $LiCoO_2$ 粉体。流程如图 1-7 所示。

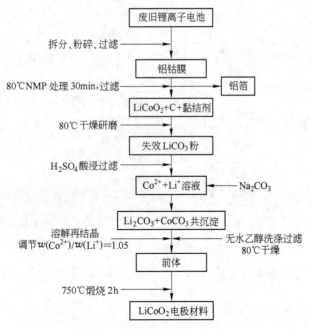

图 1-7　化学沉淀法回收废旧锂离子电池流程

1.3.2.3　固相合成复合法

秦毅红等人通过对获得的草酸钴和碳酸锂进行煅烧获得钴酸锂，此方法使得制备钴酸锂材料的步骤得到了简化，同时也节省了成本，通过电化学性能测试表明，回收的钴酸锂材料仍具有很好的电化学性能，而且回收的经济效益高。也有研究者将废旧电池拆解后，采用 N-甲基吡咯烷酮（NMP）分离正极材料和铝箔，过滤后得到 $LiCoO_2$，再用 HCl 浸出 $LiCoO_2$，最后用 NaOH 作为沉淀剂，得到 $Co(OH)_2$，将得到的 $Co(OH)_2$ 在 450℃ 下马弗炉中煅烧 3h，得到 Co_3O_4，然后再与一定量的 Li_2CO_3 混合，在马弗炉中 400℃ 下预煅烧 5h，压片后 700℃ 煅烧 20h，最后得到钴酸锂电极材料。这种方法得到的钴酸锂充放电性能较好，并且多次循环使用后，电池的储存电量仍然较高，流程如图 1-8 所示。

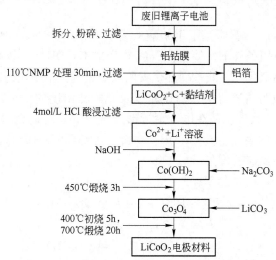

图 1-8　固相合成复合法回收废旧锂离子电池流程

由于固相法反应温度高、合成时间长、粉末不均匀以及存在杂质相等原因，与共沉淀法、溶胶凝胶法和水热法相比，通过湿法和固相合成法相结合回收钴酸锂电极材料性能较好。

1.3.2.4 电化学法

相比较于其他湿法回收工艺，电化学方法能获得比较高纯度的 Co，但是这种方法的缺点是能耗高，消耗的电量较大。Ra 等人采用自制的 Etoile-Kebatt 反应装置，利用电化学水热法制备新的 $LiCoO_2$ 材料。将拆分后得到的正极粉末在 40 ~ 100℃，电流密度 0.001 ~ 1.00mA/cm^2 条件下，于反应容器中距离铂电极 70cm 处收集 $LiCoO_2$，废旧的 $LiCoO_2$ 溶解和重新生成是同时进行的。把重新生成的 $LiCoO_2$ 用二次蒸馏水冲洗，在 80℃干燥 10h，即得到新的钴酸锂材料。但是在再生 $LiCoO_2$ 过程中，容易生成副产物 $Co(OH)_2$、$CoOH$ 和 Co_3O_4，因此回收过程的条件必须严格控制。另外，此种方法最大的缺点是能耗高，只适合少量的回收，而且产生的废液 pH 值较高，会对环境造成污染。

Myoung 等人报道了用硝酸从废旧 $LiCoO_2$ 中萃取钴离子，在稳定的电压条件下，使得 $LiCoO_2$ 转变成 $Co(OH)_2$，然后通过脱水得到钴氧化物。线性循环伏安曲线观察到一个明显的阴极电流峰，这表明通过溶解氧的还原以及硝酸盐浓度的增加，Ti 表面的 pH 值增大，从而在电极附近形成了 OH^-。在适当的 pH 值条件下，Ti 的表面生成 $Co(OH)_2$ 沉淀，加热后 $Co(OH)_2$ 转变成为氧化钴，反应机理为：

$$2H_2O + O_2 + 4e^- \Longleftrightarrow 4OH^- \tag{1-1}$$

$$NO_3^- + H_2O + 2e^- \Longleftrightarrow NO_2 + 2OH^- \tag{1-2}$$

$$Co^{3+} + e^- \Longleftrightarrow Co^{2+} \tag{1-3}$$

$$Co^{2+} + 2OH^-/Ti \Longleftrightarrow Co(OH)_2/Ti \tag{1-4}$$

氧气和硝酸的还原性能使得电极附近的 pH 值升高，在这种情况下，当 pH 值达到了某个值时，溶液中的 Co^{2+} 容易生成$Co(OH)_2$沉淀。这为废旧锂离子电池的回收提供了一种新的思路。

Shen 等人采用酸浸和电沉积法从废旧锂离子电池中回收 Co。

先用 10mol/L 硫酸在 70℃ 浸出 1h，待 Co 都被溶解溶出后，在 pH=2.0~3.0 和 90℃ 条件下通过水沉积纯化浸出液，当电流为 235mA 时，在电沉积作用下阴极生成钴。回收钴的效率高于 93%，这种方法用于大规模的工业生产是可行的。

Krause 等人将 H_3BO_3 加入到电沉积溶液中来回收废旧锂离子电池。H_3BO_3 的加入可以避免电极表面 pH 值变化，在这种情况下发生电沉积作用。反应的过程为：

$$2H_2O + 2e^- \longrightarrow 2OH^-(aq) + H_2(g) \tag{1-5}$$

$$Co^{2+}(aq) + 2OH^-(aq) \longrightarrow Co(OH)_2(s) \tag{1-6}$$

$$Co(OH)_2(s) + 2e^- \longrightarrow Co(s) + 2OH^-(aq) \tag{1-7}$$

总反应：

$$Co^{2+}(aq) + 2H_2O + 4e^- \longrightarrow Co(s) + 2OH^-(aq) + H_2(g) \tag{1-8}$$

Garcia 等人采用电化学方法电化学沉积 $LiCoO_2$，将 HCl 和 H_2O_2 作为溶解液，Co^{2+} 在 pH=2.7 时发生电化学沉积；在 pH=5.4 时，Co^+ 氧化成为 Co^{2+}；在 pH=5.40 时，电压为 -1.00V，回收的效率可以达到 96.90%，同时随着 pH 值的减小，Co 的回收效率也减小。

综上所述，无论是干法，还是湿法回收废旧锂离子电池，均存在一些不足，所以非常有必要去寻求一种经济、环保的方法来浸出废旧锂离子电池，这种方法即生物法。生物浸出具有低能耗、高效率和对设备要求低等优点，这对于资源的回收利用和环境保护具有重要的现实意义。

1.3.3 生物浸出研究现状

生物浸出技术是指利用微生物从固体物中分离有价金属元素的方法，但目前微生物浸出运用最多的是浸矿，几年来也被运用于废旧锂离子电池的浸出。生物法回收废旧锂离子电池具有耗酸量少、成本低、操作简单等优点，但同时也存在周期长、菌种不易培养、易受污染且浸出液分离困难等缺点，所以研究生物浸出废旧锂离子电池具有非常重要的意义，尤其是在资源匮乏以及环境污染日益严重的今天，采用微生物浸出废旧锂离子电池将变得更加有意义。

1.3.3.1 生物浸出的运用研究概况

A 矿物生物浸出研究

1947 年，Colmer 和 Hinkel 首次分离出能够氧化亚铁离子的细菌，并命名为氧化亚铁硫杆菌。1955 年 Zimmerle 申请了生物浸矿的发明专利。从此，微生物浸矿技术在工业生产中正式拉开帷幕。但在这些原始的浸矿过程中，人们对浸矿过程的机理不清楚，只是简单地将它们用于冶炼金属。

微生物浸出技术运用最多的是低品位硫化矿的浸出，并且反应的类型主要有四类，以黄铜矿为例：

第一种为直接酸浸浸出，反应可表示为：

$$CuFeS_2 + 4H^+ \Longrightarrow Cu^{2+} + Fe^{2+} + 2H_2S \tag{1-9}$$

第二种为细菌对硫化矿的直接浸出，反应可表示为：

$$CuFeS_2 + 4O_2 \longrightarrow CuSO_4 + FeSO_4 \tag{1-10}$$

$$4CuFeS_2 + 17O_2 + 2H_2SO_4 \longrightarrow 4CuSO_4 + 2Fe_2(SO_4)_3 + 2H_2O \tag{1-11}$$

第三种为间接浸出，通过铁离子的作用来浸出，反应表示为：

$$CuFeS_2 + 4Fe^{3+} \longrightarrow Cu^{2+} + 5Fe^{2+} + 2S \tag{1-12}$$

第四种细菌生长，表示为：

$$4Fe^{2+} + O_2 + 4H^+ \longrightarrow 4Fe^{3+} + 2H_2O \tag{1-13}$$

嗜酸氧化亚铁硫杆菌同样可以被运用于其他矿物的浸出，例如：铝土矿、辉钼矿、砷矿、粉煤灰、铁闪锌矿、复合硫化锌矿、闪锌矿、磁黄铁矿等矿物的浸出。

B 电子废弃物生物浸出研究

用生物浸出技术处理以锂电池和线路板等为主的废弃电子产品，优势明显，已被广泛运用于废旧电路板、废旧 Ni-Cd 电池、废旧锂离子电池、报废催化剂等的生物浸出研究。Zhao 等人采用嗜酸硫杆菌浸出废旧 Ni-Cd 电池，并设计了一个持续流动的两步酸浸系统反应器。实验结果表明，大多数的金属需要 5~10 天才能被溶解出来，如果给予足够的时间，几乎所有的 Ni、Cd 和 Co 都能溶解出来。

Wang 等人采用嗜酸氧化硫和氧化亚铁硫杆菌来浸出废旧线路板。将线路板加入细菌溶液中，细菌能很好的生长，金属铜也被浸出，其他金属（铅和锌等）也都能被浸出，并且浸出的效率较高。Amiri 等人采用单行青霉菌浸出富含金属钨的氢化裂解催化剂，这种方法取得了很好的效果，特别是金属 W 和 Mo 浸出。Ilyas 等人进行了嗜热中温菌浸出废旧电子废弃物的可行性研究，结果表明，嗜热中温菌对金属离子（Ag^+、Al^{3+}、Cu^{2+}、Fe^{3+}、Ni^{2+}、Pb^{2+}、Sn^{2+} 和 Zn^{2+}）的最大耐受力为 12~20g/L，浸出 27 天后，浸出率分别为：Zn 80%、Al 64%、Cu 86% 和 Ni 74%。生物浸出同样可用于污泥中重金属的浸出、废旧线路板中黄金和铜的浸出和废旧催化剂加工程序，并且都取得了很好的浸出效果。

C 废旧锂电池生物浸出研究

韩国的 Mishra 等人首次采用嗜酸性氧化亚铁硫杆菌浸出废旧锂离子电池中的钴和锂，并考察了浸出条件对废旧锂离子电池浸出的影响，探讨了提高钴浸出率的方法以及影响因素，并对浸出的影响因素进行了分析，但浸出的效果显示，钴酸锂的浸出率很低。北京理工大学的辛宝平等人采用了生物淋滤溶出废弃锂离子电池中的钴，采用氧化亚铁硫杆菌和氧化硫硫杆菌混合细菌进行生物浸出实验。结果表明，混合菌株比单一菌株表现出更好的浸出能力，且浸出效率大大高于其他回收工艺，显示了生物浸出的技术优势和应用前景，但是浸出效率还是偏低，而且对浸出过程的机理没有进行深入的探讨。

1.3.3.2 微生物浸出机理研究概况

A 直接和间接浸出机理

目前，生物浸矿的机理主要可以表述为直接浸出和间接浸出。直接浸出机理，即细菌直接吸附到矿物表面，通过细菌的吸附作用对矿物进行直接分解；间接浸出机理，即通过细菌来氧化矿物中的二价铁离子和硫元素，从而产生的三价铁离子和硫酸对矿物进行分解。Silverman 提出了著名的金属硫化物细菌间接浸出和直接浸出的模型，如图1-9所示。

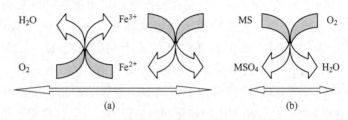

图1-9 细菌直接浸出和间接浸出机理示意图

(a) 间接浸出机理；(b) 直接浸出机理

直接浸出的反应过程为：

$$MS+2O_2 \longrightarrow MSO_4 \tag{1-14}$$

间接浸出反应模型为：

$$MS+Fe_2(SO_4)_3 \longrightarrow MSO_4+S^0+2FeSO_4 \tag{1-15}$$

细菌的作用为：

$$2FeSO_4+H_2SO_4+0.5O_2 \xrightarrow{\text{细菌}} Fe_2(SO_4)_3+H_2O \tag{1-16}$$

反应式（1-15）生成的硫被细菌氧化为硫酸：

$$S^0+1.5O_2+H_2O \longrightarrow H_2SO_4 \tag{1-17}$$

在无菌条件下，生成的硫沉积于矿物表面形成一层膜，这层厚厚的膜会阻碍矿物的溶解，然而在有菌条件下，细菌会氧化矿物表面的硫，从而有助于矿物的浸出，有助于金属溶解过程：

$$MO + H_2SO_4 \longrightarrow MSO_4 + H_2O \qquad (1-18)$$

Pistorio 等人研究了硫化锌的浸出。他们指出在硫化锌的细菌浸出中，间接机理起主导作用，而且浸出效率与细菌浓度成正比。Porto 等人研究了细菌在矿物上表面的吸附状况，得出了在无铁条件下氧化亚铁硫杆菌对硫化物的直接浸出机理。Duncan、Torma 和 Sakaguchi 在无铁离子存在的情况下，运用混合菌种浸出合成硫化矿晶体，发现细菌对 CuS、ZnS、Ni_2S、CoS 等硫化物晶体都有氧化分解作用。Surgio 等人对氧化亚铁硫杆菌氧化铁离子及元素硫进行了研究，同样证明了直接作用的存在。

然而，Zollinger 研究发现，细菌浸出过程是通过 Fe^{3+} 来完成的，所以浸出过程间接浸出机理起主导作用。Harvey 和 Crundwel 通过保持溶液中 Fe^{2+} 和 Fe^{3+} 浓度不变来研究细菌浸出过程的反应机理，并通过控制浸出液的氧化还原电位来控制反应器的电位，结果表明浸出过程 Fe^{3+} 起很大的作用，所以可以推断间接浸出机理起主导作用。Fowler 和 Crundwel 也通过此方法研究了氧化亚铁硫杆菌浸出闪锌矿的浸出机理。结果表明，细菌在浸出过程中有两个作用：一是氧化矿物表面沉淀的硫元素；二是再生被消耗的矿物离子。Olson 等人认为氧化还原电位是氧化亚铁硫杆菌生物浸出的主要限制性因素，氧化亚铁硫杆菌通过氧化亚铁获得较高的氧化还原电位，从而加快了细菌的生长速率，加快了浸出速率。Modak 等人认为氧化亚铁为细菌的生长提供能量物质，铁离子在浸出过程中起了很重要的作用，而氧化还原电位能够衡量细菌的生长状况。Mahmood 和 Turner 提出浸出效率随着溶液氧化还原电位的增加而增加。Gerickec 等人认为氧化还原电位在 500～600mV 范围内能够加速低品位铜矿的浸出。

目前对于浸出机理没有明确的界定，间接和直接浸出机理都得到了充分的证明。Harvey 等人在研究闪锌矿细菌浸出时发现，闪锌矿能被细菌直接氧化，同时，也存在 Fe^{3+} 氧化的间接过程，所以他们认为闪锌矿的溶解为细菌的直接和间接共同作用的结果。同样地，Sampsom 等人也认为微生物浸矿过程既存在直接作用机理，也存在间接作用机理。

B 浸出电化学研究

近年来，微生物浸矿技术运用的非常广泛并展现了很好的发展前景，而电化学方法作为一种成熟的技术手段，被引用于生物冶金的领域中，在一定程度上推动了微生物浸矿技术的发展。电化学技术不仅可以从机理上解释浸矿细菌的浸出行为，对生物浸出过程作出更加可靠合理的解释，而且还可以起到完善浸出工艺的作用。因此，采用电化学方法研究生物冶金的浸出机理，将有助于微生物冶金技术的发展和提高。

a 粉末微电极的运用

李宏煦采用粉末微电极研究硫化矿浸出电化学行为，运用稳态极化曲线、循环伏安曲线、塔费尔曲线、电位阶跃曲线等测试手段，以氧化亚铁硫杆菌修饰粉末微电极为工作电极，饱和氯化钾甘汞电极为参比电极，铂电极为对电极，研究了细菌氧化硫化矿浸出过程的电化学机理。

Toniazzoa 等人通过把黄铁矿粉末固定在石墨电极上来研究生物浸出电化学性能，结果表明固定石墨电极比玻碳电极更加灵敏。Wang 等人采用电化学方法对比研究了 L- 氨酸吸附到黄铁矿表面的机理，L- 氨酸吸附到黄铁矿的表面后，使得黄铁矿的腐蚀电位降低，腐蚀电流增加。Shi 等人采用电化学方法（开位电路、循环伏安、计时电流）对比研究了三种硫化锌矿（铁闪锌矿、闪锌矿、硫化锌复合矿）的生物浸出过程。结果表明，为浸出液提供一个适当的电位可以加速硫化锌矿生物浸出。

Li 等人采用改进的粉末微电极研究黄铜矿在细菌和无菌作用下的阳极溶解行为，在阳极溶解过程中，当电位在 -0.075 V 和 -0.025 V 之间时，辉铜矿和蓝铜矿溶解速率明显加快，并且与无菌条件比较，在细菌的作用下，电流峰更高，特别是亚铁离子的氧化峰增加明显，氧化亚铁硫杆菌还加速硫的氧化，并且在细菌的作用下，腐蚀电位从 0.238 V 下降到 0.184 V。

b 电化学方法的运用

利用细菌生长与电位的关系，可通过电化学方法来培养细菌。Nakasono 等人采用电化学方法培养氧化亚铁硫杆菌，细菌通过氧化亚铁离子获得能量生长，而电化学方法是通过给溶液一个恒定电位使 Fe^{3+} 还原成为 Fe^{2+}，从而促进了细菌的生长。

López-Juárez 运用线性循环伏安曲线和循环伏安曲线方法来研究 Ag^+ 对黄铜矿生物浸出的影响。结果表明在加入银离子和不加入银离子的条件下，循环伏安曲线只存在很小的差别。在银离子催化条件下，阳极和阴极电流将增大。阳极溶解曲线在无银离子的条件下没有出现前驱波，但是在有银离子的条件下出现了前驱波。Hansford 等人通过测定溶液氧化还原电位深入探讨了硫化矿生物浸出过程的电化学机理。对于黄铁矿浸出而言，主要是 Fe^{3+} 和 Fe^{2+} 之间氧化和还原的过程，在此过程中，细菌的作用就是氧化溶液中的 Fe^{2+} 从而为溶液提供一个较高的氧化还原电位。铁离子的氧化还原最终会达到一个平衡状态，这个平衡速率是建立在氧化还原电位之上的，通过溶液氧化还原电位可以得出浸出动力学方程。Munoz 等人采用循环伏安法研究硫砷铜矿（Cu_3AsS_4）的生物浸出电化学过程。实验主要探索了细菌吸附到矿物表面对矿物所产生的变化，所有电极的电化学特征是通过测定电位来表征的。Liu 等人采用电位仪来测定黄铁矿和嗜酸氧化亚铁硫杆菌在不同离子强度和 pH 值条件下的 Zeta 电位，以及细菌吸附和细菌浓度对黄铁矿 Zeta 电位的影响。结果表明，黄铁矿的 Zeta 电位随着离子强度的增加而降低，并且等电点向左移动。同时还发现，黄铁矿的等电点朝着细菌的方向移动，随着细菌浓度的增大，这种趋势更加明显。Bevilaqua 等人采用噪声电化学研究斑铜矿（Cu_5FeS_4）的生物浸出过程。噪声电化学是描述电流或电位的噪声涨落的现象。由于这种技术为腐蚀过程提供了一种无损坏条件，对于研究硫化矿物的电化学氧化过程有很大的帮助。Olubambi 等人采用电化学技术研究对比不同粒度的低品位硫化矿溶解过程的电化学性能。电化学测试采用粉末微电极，实验采用开路电位研究硫化矿的腐蚀点电位，通过极化曲线对比研究硫化矿的腐蚀速率、腐蚀电位等参数。朱莉运用电化学方法对硫化铜矿浸出的电化学过程进行了研究，为微生物浸出体系的电子转移和浸矿工艺技术水平的进步提供更多的电化学解释。柳建设采用电化学研究方法对黄铜矿的腐蚀电化学行为进行了较为系统地研究，获得了黄铜矿生物浸出过程的电化学动力学参数。

对于生物浸出废旧锂离子电池的机理，尤其是电化学氧化过程尚不清楚，因此采用电化学研究方法与技术来研究正极材料钴酸锂的氧化过程具有非常重要的意义。

1.3.3.3 生物浸出的强化技术

目前，生物浸出强化技术主要有金属离子催化和外控电位，但是外控电位研究的较少，所以研究金属离子催化具有非常重要的意义。硫化矿的生物强化浸出技术研究表明，铜、银、铋等金属离子不仅能加快硫化矿的浸出速率，并且能提高矿物的溶出量。外控电位法也可提高浸出效率，有研究表明，为浸出溶液中提供额定的电压，将有助于细菌的新陈代谢，增加细菌浓度，提高浸出效率。

银离子是很好的催化剂，不仅在无机化学反应方面表现出良好的催化性能，而且在生物浸出方面同样具有很好的催化特性。Mier 第一个提出了银离子对黄铁矿浸出的影响，取得很好的催化效果，并且提出了金属离子的催化机理。他认为金属离子催化机理不同，银离子催化作用是通过阳离子交换发生的，银离子的加入使得黄铜矿表面形成一层 Ag_2S，这层 Ag_2S 比较容易溶解，使得黄铜矿表面不被黄钾铁矾和硫等沉淀物覆盖，从而加快浸出速率。催化过程为：

$$CuFeS_2 + 4Ag^+ \longrightarrow 2Ag_2S + Cu^{2+} + Fe^{2+} \qquad (1-19)$$

$$Ag_2S + Fe^{3+} \longrightarrow Ag^+ + S + Fe^{2+} \qquad (1-20)$$

$$4Fe^{2+} + 4H^+ + O_2 \longrightarrow 4Fe^{3+} + 2H_2O \qquad (1-21)$$

同样，Miller 也研究了银离子对黄铜矿浸出过程的催化机理。他提出银离子取代硫化铜表面的铜，生成 Ag_2S，而 Ag_2S 表面的 S^0 是疏松多孔的，这使得 Ag_2S 容易被氧化。Warren 等人研究了银离子催化硫铁矿的生物浸出，他们也提出了催化的机理主要是由于在硫铁矿的表面生成了 Ag_2S。Palencia、Dutrizac、Kofodziej 等人分别研究了银离子催化铜、锌、镍等硫化矿的浸出。

我国学者在银离子催化方面也进行了一些研究。Chen 等人提出了一种银催化生物浸出去除固体废物中重金属的方法。通过加入银离子可以缩短细菌的停滞期，但是对氧化硫杆菌的生长没有明显的影响，最好的催化浸出效果为银离子浓度 30mg/L。银离子的加入，使得溶液的 pH 值还原速率增加，催化机理也是通过阳离子交换反应进行的：

$$MeS + 2Ag^+ \longrightarrow Ag_2S + Me^{2+} \qquad (1-22)$$

$$Ag_2S + 2Fe^{3+} \longrightarrow 2Ag^+ + 2Fe^{2+} + S^0 \qquad (1-23)$$

$$S^0 + 3O_2 + 2H_2O \longrightarrow 2H_2SO_4 \qquad (1-24)$$

Guo 等人研究了 Ag^+ 和 Cu^{2+} 对 As_2S_2 浸出的催化效果。在没有催化剂的情况下，不论是在细菌作用下，还是在无菌条件下，只有很少的 As_2S_2 能被浸出来。然而，加入了银离子，化学浸出和生物浸出的 As_2S_2 效率都明显提高了，只是 As_2S_2 的催化效果不是特别明显。Ag^+ 和 Cu^{2+} 的催化机理相似，就是 As_2S_2 的表面被 Ag_2S 或者 CuS 取代，然后和 Fe^{3+} 发生反应，从而溶解。Hu 等人研究了银离子、硫化银、浓缩 Ag-C 对黄铜矿生物浸出的影响。实验结果表明，这三种物质在催化黄铜矿的浸出方面都取得了很好的效果。然而，Ag-C 的价格相对来说是最便宜的，并且催化效果和其他两种物质相当，因此 Ag-C 体现出了较高的运用价值，比较合适用于工业化黄铜矿的浸出。

关于铜离子催化生物浸出方面的研究也有报道。Dutrizac 等人研究了二价铜离子在氯化铁溶液中对浸出黄铜矿的影响，结果

表明 $CuCl_2$ 能加速黄铜矿的浸出效率。Chen 等人探索了铜离子对铁闪锌矿生物浸出的影响，实验取得了很好的效果，加入适量的铜离子可以加速铁闪锌矿的浸出。他们提出了在生物浸出过程中，铁闪锌矿表面形成了一层硫化铁，硫和黄钾铁矾沉淀，阻碍了铁闪锌矿的浸出。然而，铜离子的加入可以消除这层沉淀，并且可以减小溶液的 pH 值，因此提高了铁闪锌矿的浸出速率。Byerlley 等人研究了铜离子在二氧化硫水溶液中催化浸出磁铁矿，催化的主要机理是铜离子和铁离子表面之间的电子转移，通过 OH^- 作为中间物质完成铁离子和铜离子之间的氧化还原电子转移，从而起到催化浸出的效果。

关于其他离子催化生物浸出的报道同样很多。Scott 和 Dyson 研究了金属离子 Cu、Bi、Ru、Mo 和 Fe 催化硫化锌矿的生物浸出，也取得了很好的效果，这些金属离子都能加速硫化锌矿的溶解，并且铜的效果最佳。Escudero 研究了金属离子（Ag^+、Hg^{2+}、Co^{2+}、Bi^{3+}、As^{5+} 和 Ru^{3+}）对西班牙复合硫化矿生物浸出的催化效果。对铜离子浸出的催化效果依次为：$Ag^+>Hg^{2+}>Co^{2+}$ $>Bi^{3+}> As^{5+}>Ru^{3+}$；对锌离子浸出的催化效果依次为：$Bi^{3+}> Co^{2+}$、$Ru^{3+}>Hg^{2+}>As^{5+}>Ag^+$。Ballester 研究了金属离子（$Hg^{2+}$、$Co^{2+}$、$Ag^+$、$Bi^{3+}$ 和 Cu^{2+}）在闪锌矿和复合硫化矿中的浸出效果。在 Ag^+ 和 Hg^{2+} 的催化作用下，复合硫化矿中铜的溶解速度明显加快。Ag^+ 和 Cu^{2+} 在闪锌矿的浸出中也取得了很好的效果，并且随着 Cu^{2+} 的加入，金属溶出百分比增加。

1.4　本章小结

由于对废弃锂离子电池回收再生的研究起步较晚，一直没出现高效、经济、环保的回收处理技术。干法能耗高，易引起大气污染，后续过程仍需一系列净化除杂步骤。湿法工艺流程长、复杂、对设备要求高、成本高，也不能完全实现无害化。而生物浸出技术具有流程短、设备简单和环境友好等明显优势，但周期长、金属浸出率低。生物浸出技术是生物、冶金、化学等多学科交叉技术。目前对生物浸出技术的研究十分活跃，主要集中在以下三方面：（1）适宜的微生物，其中比较常用的浸矿细菌有氧化亚铁硫杆菌（$T.f$ 菌）、氧化硫硫杆菌（$T.t$ 菌）等。（2）微生物浸矿机理及相关工艺，但至今对金属生物浸出过程的机理仍存在争议，还需进行大量的工作。（3）微生物具体应用对象及应用条件。钴酸锂是金属氧化物，能否将硫化矿生物浸出的强化技术应用到处理废弃锂电池？如何强化提高金属的浸出率和浸出速度？强化浸出的机理是什么？能否探索更为有效的浸出方法？这些都是本书需要阐述的问题。

本书分别采用硫酸浸出、细菌浸出、电化学浸出三种方法研究废旧锂离子电池中钴的浸出，从而为废弃锂离子电池的资源化处理提供比较完整的理论基础和技术指导。具体内容如下：

（1）进行常规硫酸浸出研究。探讨盐酸、硫酸+双氧水体系对锂离子电池中的金属浸出的特性，考察硫酸浓度、H_2O_2 用量、反应温度、反应时间等对钴的浸出率的影响。

（2）重点对氧化亚铁硫杆菌浸出废旧锂离子电池的钴进行了研究，从浸出影响因素、浸出机理、金属离子催化三方面系统研究了氧化亚铁硫杆菌菌种浸出废弃锂离子电池中金属的作用机制。

1）研究生物浸出的各种条件及相互作用规律。分离纯化菌种，系统考察不同浸出条件（初始 pH 值、接种量、浸出时间、浸出温度、亚铁离子加入量、固液比等）对钴浸出性能的影响。

2）采用电化学方法探讨钴酸锂中金属细菌浸出过程行为和浸出机理。研究金属氧化浸出的电化学机理、氧化还原电位对细菌金属浸出率的影响。

3）研究金属离子银离子、铜离子、铋离子对细菌浸出废旧锂离子电池的浸出率影响，考察不同价态金属离子的强化浸出效果，并提出金属离子作用下废旧锂离子电池中钴的生物强化浸出的催化机理。

（3）研究电化学浸出对废旧锂离子电池中钴的浸出影响，考察浸出过程影响因素，并探索适合的生物浸出反应器。

2

钴酸锂的酸浸研究

目前废弃锂离子电池最为成熟并得到应用的浸出工序为碱浸-酸溶。本章根据文献探讨不同酸浸条件对钴酸锂浸出效果的影响，以获得金属酸溶的最佳条件。

2.1 Li-Co-H₂O 系的 Eh-pH 值图

钴元素在锂离子电池正极材料中以+3 价存在，钴在正极材料活性物质中的所占比例最大，且较为贵重，最具回收价值。钴属于第一过渡系第Ⅷ族元素，钴的化合物氧化值可为+2，+3，如它们的强酸盐（如卤化物、硫酸盐、硝酸盐等）易溶于水，在水中以六水合离子的形式存在，并有微弱的水解而使溶液显酸性。从溶液中结晶出来时，还带有相同数目的水分子，例如其硫酸盐晶体为 $CoSO_4 \cdot 7H_2O$，其固体和溶液均显粉红色。一般情况下三价的钴离子很不稳定，氧化性很强，Co^{3+} 盐只能以固态形式存在，而 Co^{2+} 盐则较稳定。由于钴的硫酸盐用途较广，经济价值较高。

绘制出 Li-Co-H₂O 系在不同离子浓度下 Eh-pH 值图（见图 2-1），可以全面考虑在一定离子浓度下各反应发生的可行性，有助于确定酸浸钴酸锂的条件。其中图 2-1 (a) 中离子浓度均为 10^{-3} mol/L，图 2-1 (b) 中 Li^+ 浓度为 1mol/L，其他离子浓度均为 10^{-1} mol/L。各相区为所注明的化合物和离子的稳定区。图中 $LiCoO_2$ 与各钴化合物之间的平衡关系及反应原理能为在水溶液中利用软化学方法合成 $LiCoO_2$ 与湿法处理废旧锂离子蓄电池回收有价金属提供理论依据，并得到在水溶液中合成以及湿法回收 LiCoO₂ 可行的工艺途径。湿法处理废旧锂离子蓄电池回收有价金属的可能方案有直接酸浸得到 Co^{2+} 或还原酸浸得到 $HCoO_2^-$。从 Li-Co-H₂O 体系的 Eh-pH 值图中可以看出，钴酸锂 LiCoO₂ 在 pH 值小于 7.8，氧化还原电位在 -0.3 ~ 1.8V 之间的情况下，在水溶液中的存在形态为 Co^{2+}。因此，浸出溶液的 pH 值和 Eh 的变化范围完全包含于此体系中。由此可以看出，浸出的钴在溶液

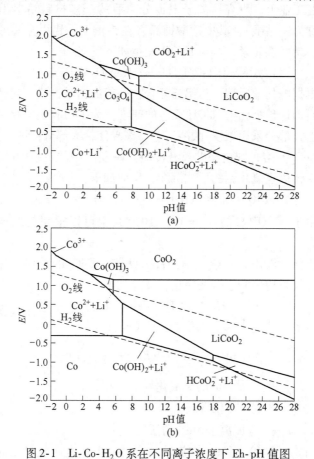

图 2-1 Li-Co-H₂O 系在不同离子浓度下 Eh-pH 值图

(a) [Li⁺] = 10^{-3} mol/L；(b) [Li⁺] = 1mol/L，其他离子浓度为 10^{-1} mol/L

中的存在形态为 Co^{2+}，而不是 CoO_2、$Co(OH)_2$、Co^{3+} 和 Co，所以在实验测定溶液的过程中，只需要测定 Co^{2+} 的浓度，而不存在 Co^{3+}。

2.2　碱浸工艺

2.2.1　理论分析

在工业上，废弃锂离子电池分离后的正极材料钴锂膜（工业上称为锂钴纸），其中钴酸锂涂敷在铝箔上。铝以金属形态存在，它是两性元素，可与 NaOH 发生如下反应：

$$2Al+NaOH+2H_2O \longrightarrow 2NaAlO_2+3H_2\uparrow \qquad (2-1)$$

根据电化学原理，与铝箔复合在一起的钴酸锂膜，起到正极作用而加速负极铝与 NaOH 反应的速度。为了回收金属铝，目前工业上大部分采用碱浸-酸溶工艺。碱浸使绝大部分铝进入溶液，而 $LiCoO_2$ 不溶，则全部进入碱浸渣。碱浸液中的 $NaAlO_2$ 用硫酸中和将铝以氢氧化铝的形式沉淀，反应如下：

$$NaAlO_2+H_2SO_4+H_2O_2 \longrightarrow Al(OH)_3+Na_2SO_4 \qquad (2-2)$$

由于 $Al(OH)_3$ 的 $K_{sp}=1.3\times10^{-33}$，铝可以很完全地被沉淀下来。

为使钴浸出，一般采用酸浸方法将 $LiCoO_2$ 的结构破坏。酸溶后溶液采用中和水解法净化，反应如下：

$$Me^{n+}+nOH^- = Me(OH)_n \qquad (2-3)$$

金属离子的水解 pH 值可用下式计算：

$$pH = \frac{1}{n}\lg K_{sp} - \lg K_w - \frac{1}{n}\lg \alpha_{Me^{n+}} \qquad (2-4)$$

式中　K_{sp}——金属 Me 的氢氧化物溶度积；

　　　K_w——水的离子积；

　　　$\alpha_{Me^{n+}}$——金属离子 Me^{n+} 的活度。

由式（2-4）可知，在温度一定时，形成金属氢氧化物沉淀的 pH 值与该金属氢氧化物的溶度积 K_{sp} 及其在溶液中离子浓度和金属离子的价数有关。在 25℃ 时，若假设 $\alpha_{Me^{n+}} = 1mol/L$ 时开始沉淀，而 $\alpha_{Me^{n+}} = 10 \sim 5mol/L$ 时沉淀完全，根据式（2-4）可推算出 Al^{3+} 与 Co^{2+} 在该温度下开始沉淀和完成沉淀时的理论 pH 值，见表 2-1。

表 2-1　Al 与 Co 氢氧化物沉淀有关理论数据

氢氧化物沉淀的反应	$\Delta G^{\ominus}/kJ$	K_{sp}	开始沉淀时 pH 值	完成沉淀时 pH 值
$Al^{3+}+3OH^- = Al(OH)_3 \downarrow$	-186.68	1.78×10^{-33}	3.08	4.90
$Co^{2+}+2OH^- = Co(OH)_2 \downarrow$	-87.86	3.98×10^{-16}	6.30	8.70

经计算，控制溶液 pH 值为 5，就能保证 Al^{3+}、Fe^{3+} 沉淀完全（$<3 \times 10^{-6}mol/L$），而 Co^{2+}（1.0mol/L）不沉淀。

2.2.2　试验过程与结果

用 10% 的 NaOH 溶液浸出铝钴膜废料。碱浸试验结果见表 2-2 可知，钴全部留在碱浸渣中，铝的浸出率达到 94.84%。经分析，回收的氢氧化铝产品达到了化学纯试剂标准。

表 2-2　碱浸试验结果

试验编号	碱浸渣率/%	碱浸液浓度/g·L⁻¹		浸出率/%	
		Co	Al	Co	Al
1	85.30	0	5.44	0	94.03
2	83.23	0	8.35	0	95.54
3	83.08	0	8.71	0	95.60
4	84.73	0	10.08	0	94.18
平均	84.09	0	8.15	0	94.84

2.3　酸溶

钴酸锂的浸出通常采用无机酸如 HCl、H_2SO_4 或 HNO_3 作为浸出剂。Zhang 等人研究 H_2SO_3、$NH_2OH \cdot HCl$ 和 HCl 作为浸出剂，结果表明钴和锂的浸出率随着浸出剂浓度增大而增大。当 $NH_2OH \cdot HCl$ 和 HCl 浓度分别为 2mol/L 和 6mol/L 时，钴和锂的浸出率分别超过 95% 和 97%。然而，当采用 H_2SO_3 时，浸出率相对较低，大约只有 65%。他的研究认为 HCl 可以获得最好的浸出效果，反应式如下：

$$2LiCoO_2 + 8HCl \longrightarrow 2CoCl_2 + Cl_2 + 2LiCl + 4H_2O \qquad (2\text{-}5)$$

但由于产生 Cl_2，需要特殊设备处理，而且容易导致环境问题，成本增加，因此目前工业上不可行。

当采用硫酸浸出钴酸锂，可进行如下反应：

$$2LiCoO_2 + 4H_2SO_4 \longrightarrow Li_2SO_4 + 2CoSO_4 + 4H_2O + O_2 \uparrow \qquad (2\text{-}6)$$

但实际上，上述反应进行的非常缓慢（浸出率约 30%）。从反应速度、是否引入杂质、是否污染环境等方面综合考虑，过氧化氢等还原剂存在时可加速反应的进行。根据元素的化学性质及氧化还原反应中电子得失平衡，在加热浸泡时，发生如下反应：

$$2LiCoO_2 + 3H_2SO_4 + H_2O_2 \longrightarrow Li_2SO_4 + 2CoSO_4 + 4H_2O + O_2 \uparrow$$

$$(2\text{-}7)$$

$LiCoO_2$ 电极在酸中浸出的影响因素如下：

（1）酸浓度。酸浸出剂的浓度不仅影响 $LiCoO_2$ 电极在其中的化学反应速度，同时也影响扩散速度：一方面，浓度高，则 $LiCoO_2$ 电极的溶解活化能增大，而溶剂向 $LiCoO_2$ 电极表面的扩散速度加快，因此，可使反应由低浓度的扩散控制转变为高浓度的化学反应控制；另一方面，浓度高又使反应生成的产物从电极表面向溶液主体的扩散速度减慢，造成反应产物可能覆盖在电极表面，影响反应的继续进行。

（2）浸出温度。C. K. Lee 以硝酸和过氧化氢的混合液为浸出体系，在硝酸浓度为 1mol/L、固-液比为 10~20g/L、浸出温度为 75℃、加入双氧水体积比为 1.7% 的条件下，计算出 $LiCoO_2$ 电极中 Co 和 Li 浸出反应的活化能分别为 52.25kJ/mol（12.5kcal/mol）和 47.65kJ/mol（11.4kcal/mol），说明浸出过程受化学反应控制。温度对化学反应影响显著，高温时化学反应速度明显加快，而扩散速度的温度系数小，在高温条件下增加不多，因此可能使浸出过程由低温的化学反应控制转变为高温的扩散控制。

（3）固-液比。固相（$LiCoO_2$ 电极）与液相的比例对浸出过程也有影响：当固-液比高时，溶液主体中反应生成物的浓度也随之增大，造成浓度梯度增加，使电极表面的生成物向溶液主体扩散更加困难，因此造成固相的反应分数降低。

（4）$LiCoO_2$ 电极界面形状。$LiCoO_2$ 电极是 $LiCoO_2$ 粉末颗粒、乙炔黑导电剂和有机黏结剂均匀混合后涂于厚度约为 $20\mu m$ 的铝箔集流体上形成的，其厚度约为 $0.18 \sim 0.20mm$。整个 $LiCoO_2$ 电极是以铝箔为载体的，呈方体形状，而铝箔上的 $LiCoO_2$ 粉末则是球体颗粒形状。因此，界面反应既发生在铝箔立方体表面，也发生在球体 $LiCoO_2$ 粉末颗粒表面；当铝箔被完全溶解之后，负载在它上面的 $LiCoO_2$ 粉末颗粒脱落，此时的反应界面为球体颗粒表面。

2.3.1　盐酸浸出

2.3.1.1　正交实验设计

金玉健进行了钴酸锂的盐酸浸出正交实验研究。实验固定搅拌强度为 $500r/min$，并将薄膜式电极剪成大小大致相同的小片状，在这个条件下，选取盐酸浓度、浸出温度、浸出时间和固-液比作为考察因素进行正交实验，分析它们对 $LiCoO_2$ 电极中 Co 浸出率的影响。在已有实验数据的基础上，根据所选四个因素设计正交实验，见表2-3。

根据表2-3设计的因素、水平，选用 $L16(4^5)$ 正交表，可确定16组实验，考察实验结果。

2.3.1.2　浸出实验结果

$LiCoO_2$ 电极中 Co 在盐酸溶液中的浸出率见表2-4。各因素对浸出率影响的显著性可通过方差分析得出，结果见表2-5。

表 2-3 盐酸浸出正交实验

因素 水平	盐酸浓度 $C/\text{mol} \cdot \text{L}^{-1}$	浸出温度 $T/℃$	浸出时间 t/min	固-液比 $S/L/g \cdot L^{-1}$
1	1	50	30	10
2	2	60	60	15
3	3	70	90	20
4	4	80	120	25

表 2-4 正交试验结果

试验序号	因素				试验结果
	1(C)	2(T)	3(t)	4(S/L)	Co 浸出率/%
1	1	1	1	1	71.2
2	1	2	2	2	70.2
3	1	3	3	3	67.3
4	1	4	4	4	66.0
5	2	1	2	3	75.3
6	2	2	1	4	72.6
7	2	3	4	1	88.0
8	2	4	3	2	83.0
9	3	1	3	4	82.4
10	3	2	4	3	87.8
11	3	3	1	2	76.3
12	3	4	2	1	91.3
13	4	1	4	2	79.3
14	4	2	3	1	87.0
15	4	3	2	4	82.0
16	4	4	1	3	73.0
均值1(Ⅰ)	68.675	77.050	73.275	84.375	
均值2(Ⅱ)	79.725	79.400	79.700	77.200	
均值3(Ⅲ)	84.450	78.400	79.925	75.850	
均值4(Ⅳ)	80.325	78.325	80.275	75.750	

表 2-5 试验结果方差分析表

因素	离差平方和 S	自由度	F 比	F 临界值（$\alpha=0.05$）	显著性
C	546.377	3	11.035	9.280	显著
T	11.132	3	0.225	9.280	不显著
t	135.007	3	2.727	9.280	不显著
S/L	202.482	3	4.090	9.280	不显著
e	49.51	3			

注：$S = 4 \times (\text{I}^2 + \text{II}^2 + \text{III}^2 + \text{IV}^2) - (\text{I} + \text{II} + \text{III} + \text{IV})^2$。

根据表 2-4 的正交实验结果，以 Co 的均值浸出率为纵坐标，以盐酸浓度、浸出温度、浸出时间和固-液比为横坐标，考察各因素在所选水平范围内对浸出率的影响情况，如图 2-2 所示。

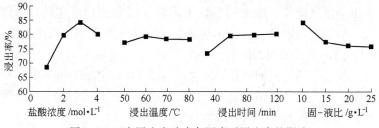

图 2-2　正交浸出实验中各因素对浸出率的影响

（1）盐酸浓度的影响。

从图 2-2 可以看出，在所选的盐酸浓度范围内，钴的浸出率先随盐酸浓度的增大而提高，在盐酸浓度为 3mol/L 时浸出率达到最大值；继续增大盐酸浓度，浸出率开始下降。从湿法冶金的多相反应动力学可知，反应物扩散到固体表面是固-液多相反应中的一个步骤，$LiCoO_2$ 电极的盐酸浸出反应中，盐酸浓度增大时，则当固-液界面处参加反应的盐酸被消耗完之后，造成溶液中反应物盐酸的浓度梯度也随之增大，因此其向反应界面处的扩散速度加快，同时盐酸浓度增大使 $LiCoO_2$ 电极的溶解活化能也随之增大，这些都可使浸出过程从低浓度的扩散控制转变为高浓度的化学反应控制，在这一方面，增大盐酸浓度有利于反应的进行；另一方面，固-液反应中的另一个步骤为反应生成物通过扩散离开反应界面，这个扩散速度则随着盐酸浓度的增大而减小，此时盐酸浓度的增大则不利于反应的继续进行。综合考虑上述影响因素，则 $LiCoO_2$ 电极的浸出效率随盐酸浓度的增大会出现一峰值，这一峰值出现在盐酸浓度为 $3mol/L$ 时。

（2）浸出温度的影响。

从图 2-2 可知，随着温度的升高，浸出效率提高，在 60℃时浸出效果最好，超过 60℃时浸出效率则开始下降。温度升高对化学反应速度和扩散速度都有促进作用，其中对化学反应的促进尤为明显，因此浸出效果随着温度的升高而提高。但在实验中出现温度高于 60℃时浸出效率反而下降的反常现象，则是因为盐酸是一种易挥发液体，温度升高更加速了它的挥发，从而使得浸出剂浓度降低，浓度的变化也影响了浸出的速度和效果。因此，对于盐酸来说，在 60℃时其对 $LiCoO_2$ 电极的浸出效果最好。

（3）浸出时间的影响。

浸出率随时间的延长而增大，当浸出时间达到 60min 后，浸出率的增大已经变得不明显。因此，综合考虑浸出效率和经济因素，浸出时间选在 60min 最为合适。

（4）固-液比的影响。

从图 2-2 可以看出，浸出率随着固-液比的增大而降低。固-液比增大时，可溶解于浸出剂中的固体含量增大，其浓度升高，由此造成新生成的反应产物扩散离开反应界面的速度降低，影响了浸出的效果。因此，固-液比越小，则浸出效率越高，在本实验所选范围内，固-液比为 $10g/L$ 时浸出效果最佳。

通过以上分析可知，$LiCoO_2$ 电极在盐酸中的最佳浸出条件为 $C=3mol/L$，$T=60℃$，$t=60min$，$S/L=10g/L$。对正交试验结果的方差分析可知，这四个因素对浸出效果影响的大小排序为：盐酸浓度>固-液比>浸出时间>浸出温度，其中只有盐酸浓度对浸出率的影响具有显著性。在上述实验条件下，固定搅拌速度为 $500r/min$，$LiCoO_2$ 电极中钴的浸出率达到 94.99%。

$LiCoO_2$ 电极在盐酸溶液中浸出，若控制适当的浸出条件，则其中钴的浸出率可接近 100%，因此从回收钴这一方面来说，盐酸浸出体系是最佳选择。但是由于浸出过程中发生了氧化还原反应，导致了 Cl_2 的放出，使得操作环境恶化、危害操作人员的身体健康，所以该方法并不具备环保性。

用硫酸代替盐酸可解决浸出过程中放出 Cl_2 而污染环境的问题，但是硫酸不具有还原性，$LiCoO_2$ 电极在其中的浸出效率远低于在盐酸中的浸出率，在硫酸中加入一定的还原剂 H_2O_2，可显著提高浸出率，达到与其在盐酸中一样的浸出效果。

2.3.2 硫酸浸出

2.3.2.1 电极材料直接酸浸实验

硫酸浸出实验是研究最多的、最成熟的工艺。Germano Dorella 等人进行了电极材料直接酸浸实验。取 10g 电池粉末（阴极和阳极各约 50%），时间固定 60min，考察 H_2SO_4 浓度（2% ~ 8%，体积分数）、固-液比（1/10 ~ 1/50g/L）、H_2O_2 用量（0 ~ 4%，体积比）、温度（20 ~ 80℃）对浸出率的影响，结果如图 2-3 ~ 图 2-6 所示。4% 的硫酸及无过氧化氢时，锂、铝和铜的浸

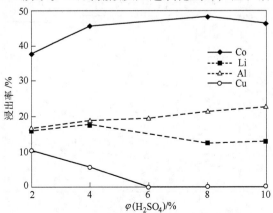

图 2-3 H_2SO_4 浓度对铝、钴、铜、锂浸出率的影响

（T = 65℃，S/L = 1/30g/L，t = 60min）

出率低于20%，钴的浸出率仅接近50%。而当加入过氧化氢时，金属浸出率大幅度提高。然而，他的研究认为，过氧化氢的用量影响不明显，85%~95%的铜、90%~95%的锂、70%~80%的钴、60%~70%的铝被浸出到溶液中。除了铜之外，铝、钴、锂浸出率随着温度升高而升高。$\varphi(H_2SO_4) = 6\%$，S/L = 1/30g/L，$T = 65℃$，$t = 60min$ 是比较合适的操作条件。

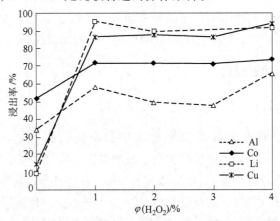

图 2-4　H_2O_2 浓度对电极材料中铝、钴、铜、锂浸出率的影响

（$\varphi(H_2SO_4) = 6\%$，S/L = 1/30g/L，$T = 65℃$，$t = 60min$）

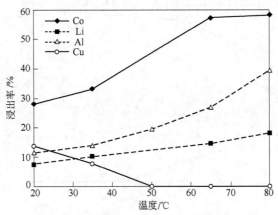

图 2-5　温度对铝、钴、铜、锂浸出率的影响

（$\varphi(H_2SO_4) = 6\%$，S/L = 1/30g/L，$t = 60min$）

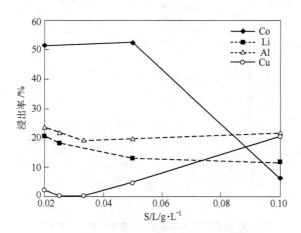

图 2-6 S/L 对铝、钴、铜、锂浸出率的影响

$(\varphi(H_2SO_4) = 6\%,\ T = 65℃,\ t = 60min)$

2.3.2.2 碱浸渣的硫酸浸出实验

（1）H_2O_2 用量对 Co 浸出率的影响。

由于钴和氧之间的化学键特别强，钴酸锂的酸浸很困难。硫酸体系中锂比钴更容易浸出。过氧化氢的加入有助于使 Co^{3+} 转化为 Co^{2+}。在实验中，浸出体系硫酸浓度为低浓度 2mol/L 时，且未向浸出体系加入过氧化氢，浸出体系中没有紫红色的二价钴离子出现。提高硫酸浓度至 5mol/L，在不加过氧化氢的条件下做的实验中，钴离子量很少，溶液仅呈淡紫红色。在加入过氧化氢的条件下，钴离子更容易被浸出，当硫酸浓度为 2mol/L 时，即出现少量钴离子浸出的迹象；升高硫酸浓度至 5mol/L 后，钴离子浸出效果大大改善，溶液可以比较快速地变为紫红色，表示浸出率较高。浸出剂 H_2O_2 用量对钴和锂浸出的影响如图 2-7 所示。刚开始钴和锂的浸出速率很快，与过氧化氢用量无关。但最终浸出速率与过氧化氢用量有关，体积比为 15% 的 H_2O_2 则足够使钴和锂两种金属完全浸出。

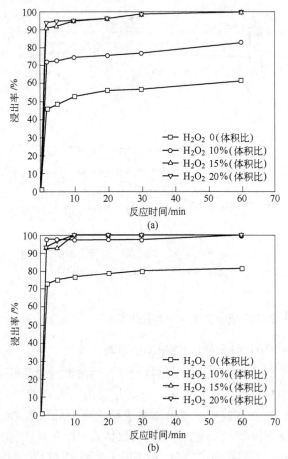

图 2-7 浸出剂 H_2O_2 用量对钴（a）和锂（b）浸出的影响

（硫酸浓度 2mol/L，固-液比 50g/L，浸出温度 75℃，搅拌速率为 300r/min）

（2）反应温度对 Co 浸出率的影响。

随着反应温度的升高，钴的浸出率明显增加，当反应温度达到 80℃后，钴的浸出率增加较为缓慢。上述现象表明，温度升高，增大了钴酸锂浸出反应速度，使钴的浸出率升高；反应温度过高，钴离子水解反应加剧，导致浸出率下降。因此反应温度取 75~85℃较为适宜。

（3）固-液比的影响。

浸出率随着固-液比的增大而降低。固-液比增大时，可溶解于浸出剂中的固体含量增加，其浓度升高，由此造成新生成的反应产物扩散离开反应界面的速度降低，影响了浸出的效果。因此，固-液比越小，则浸出效率越高，在本实验所选范围内，固-液比为 50g/L 时浸出效果最佳。如图 2-8 所示。

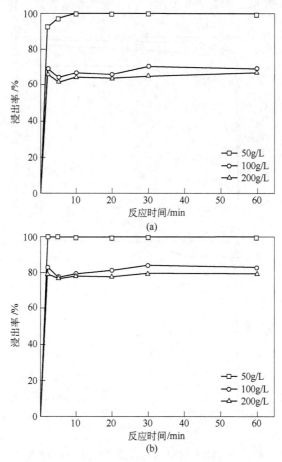

图 2-8　固-液比对钴（a）和锂（b）浸出的影响

（硫酸浓度 2mol/L，过氧化氢用量 10%（体积比），浸出温度 75℃，搅拌速率为 300r/min）

（4）颗粒粒度的影响。

考察了三种颗粒尺寸对钴和锂浸出率的影响。固-液比、硫酸浓度和过氧化氢用量分别固定为 50g/L、2mol/L 和 10%（体积比），浸出温度 75℃，搅拌速率为 300r/min。粒度越小，金属越容易浸出，浸出率越高。当颗粒直径大于 200 μm 时，钴的浸出率低于 80%，但锂则容易浸出，不管颗粒大小，都能取得满意的浸出效果，如图 2-9 所示。为了使颗粒直径大于 200 μm 的

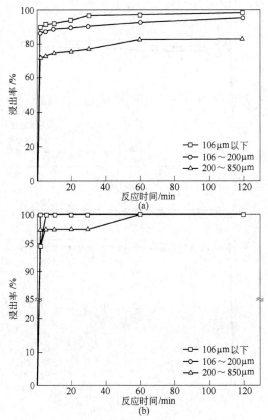

图 2-9　颗粒尺寸对钴（a）和锂（b）酸浸的影响

（硫酸浓度 2mol/L，固-液比 50g/L，过氧化氢用量 10%（体积比），

浸出温度 75℃，搅拌速率为 300r/min）

钴浸出率增加，过氧化氢用量由 10%（体积比）提高到 15%
（体积比），其他条件不变时，如图 2-10 所示，两种金属都可以
完全浸出。

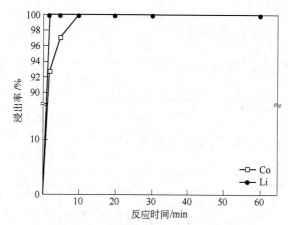

图 2-10　最优条件下钴和锂的浸出率

（硫酸浓度 2mol/L，固-液比 50g/L，过氧化氢用量 15%（体积比），

浸出温度 75℃，搅拌速率为 300r/min）

回收锂离子电池的浸出体系见表 2-6。

废弃锂离子电池中金属浸出主要以无机酸为主，现在也逐渐
开始有采用有机酸进行浸出的研究。目前研究的主要浸出体系及
浸出结果如表 2-6 所示。总之，对于钴酸锂电池中钴的浸出，目
前工业上以硫酸和过氧化氢浸出体系为主，一般采用高温浸出，
基本上能使钴和锂全部浸出。

表 2-6　回收锂离子电池的浸出体系及浸出结果

浸　出　剂	温度/℃	浸出率/%	文献
4mol/L HCl	80	Li 约为 100，Co 约为 100	[36]
1mol/L HNO$_3$ + 1.7%（体积比）H$_2$O$_2$	75	Li 为 85，Co 为 85	[30，31]
1mol/L HNO$_3$ + 1.0%（体积比）H$_2$O$_2$	80	Li 约为 100，Co 约为 100	[37]

浸　出　剂	温度/℃	浸出率/%	文献
2mol/L HNO$_3$	80	Co 为 100，Mn 为 95	[9]
2mol/L H$_2$SO$_4$	80	Co 大于 99，Li 大于 99	[34]
2mol/L H$_2$SO$_4$ + 2%（体积比）H$_2$O$_2$	60	Li 约为 88，Co 约为 96	[41]
2mol/L H$_2$SO$_4$ + 5%（体积比）H$_2$O$_2$	75	Li 为 94，Co 为 93	[46]
2mol/L H$_2$SO$_4$ + 6%（体积比）H$_2$O$_2$	60	Co 约为 99，Li 约为 99	[38]
2mol/L H$_2$SO$_4$ + 15%（体积比）H$_2$O$_2$	75	Co 约为 100，Li 约为 100	[39]
3mol/L H$_2$SO$_4$	70	Li 为 98，Co 为 98	[62]
3mol/L H$_2$SO$_4$ + 3%（体积比）H$_2$O$_2$	70	Co 为 100，Li 为 100	[63]
室温下用 5% NaOH 去除铝；碱浸渣在 85℃ 用 4mol/L H$_2$SO$_4$ + 10%（体积比）H$_2$O$_2$ 浸出	85	Co 约为 95，Li 为 96	[33]
8% H$_2$SO$_4$	80	Li 为 95，Co 为 80	[23]
6% H$_2$SO$_4$ + 4%（体积比）H$_2$O$_2$	65	Li 为 37，Co 为 55	[26]
30℃下用 10% NaOH 去除铝；碱浸渣在 60℃ 用 6% H$_2$SO$_4$ + 1%（体积比）H$_2$O$_2$	60	Co 约为 90，Li 约为 90	[64]
1.5mol/L DL-苹果酸（C$_4$H$_5$O$_6$）+ 2.0%（体积比）H$_2$O$_2$	90	Co 约为 93，Li 约为 94	[40]
1.25mol/L 柠檬酸（C$_6$H$_8$O$_7$ · H$_2$O）+1.0%（体积比）H$_2$O$_2$	90	Co 大于 90，Li 大于 100	[40]
1.25 mol/L 抗坏血酸	70	Co 为 94.8，Li 为 98.5	[32]
1mol/L H$_2$C$_2$O$_4$ · 2H$_2$O	80	Li 约为 98，Co 约为 98	[35]

3

钴酸锂的生物浸出实验研究

3.1 实验原料

实验用废锂离子二次电池由江西生产锂离子电池的某公司提供。电池为 053450A 型，由外壳和内部电芯组成。外壳为铝壳，内部电芯为卷式结构，主要由正极片、负极片、隔膜和有机电解液组成。一般锂离子二次电池的正极材料为钴酸锂活性物质、乙炔黑导电剂、1—甲基—2—吡咯烷酮（NMP）溶剂和聚偏氟乙烯树脂（PVDF）有机黏合剂均匀混合后涂抹于厚度约 16 μm 的铝箔集流体上制成的，电池的负极由负极活性物质石墨、乙炔黑导电剂、CMC 增稠剂和 SBR 黏结剂均匀混合后涂抹在厚度为 10μm 的铜箔集流体上制成的。正负极片中间用隔膜隔开，隔膜一般用聚乙烯或聚丙烯膜，电解液为六氟磷酸锂的有机碳酸酯溶液。先将废旧锂离子二次电池除去包装及外壳，取出电芯分离出正极材料。对重金属含量最为集中的电池正极材料进行化学成分分析。表 3-1 为正极材料中主要金属含量，可见，锂离子电池正极材料中钴和锂含量很高，具有回收价值。锂离子电池正极活性物质 LiCoO$_2$ 粒度分布如图 3-1 所示。

表 3-1　正极材料中主要金属含量

化学元素组成	Li	Co	Mn	Ni	Fe
含量/%	3.37	48.5	23.9	24.1	0.14

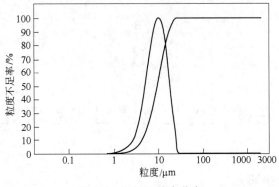

图 3-1 LiCoO$_2$ 粒度分布

3.2 实验研究方法

3.2.1 摇瓶浸出

生物浸出实验在恒温气浴振荡器中进行,振荡器的转速为 160r/min,温度为 35℃。在实验中,取 250mL 的锥形瓶,装 190mL 的浸出液 9K 培养基,接种 10mL 的细菌,在浸出液中加入 2g 钴酸锂,在加入钴酸锂之后,每 24h 取样 1mL,用于测定溶液中溶解出的钴离子。实验结束后,将溶液经过 0.45 μm 的滤纸过滤,浸渣用于电镜、能谱和 X 衍射等分析。几种常见的培养基见表 3-2。

表 3-2 几种常见的培养基

组 成	微生物的几种培养基/g·L^{-1}				
	9K	双底物	Starkey	ONM	科尔默
$(NH_4)_2SO_4$	3.0	3.0	0.2	2	0.2
KCl	0.1	0.1			
K_2HPO_4	0.5	3.0	3.0	4	3
$MgSO_4 \cdot 7H_2O$	0.5	0.5	0.5	0.3	0.1
$Ca(NO_3)_2$	0.01	0.01			

组 成	微生物的几种培养基/g·L^{-1}				
	9K	双底物	Starkey	ONM	科尔默
$FeSO_4 \cdot 7H_2O$	44.8	44.8	0.01	0.01	
$CaCl_2 \cdot 2H_2O$		0.25	0.25	0.25	0.2
$Na_2S_2O_3$					5
硫黄粉		10	10	10	
蒸馏水	1000mL	1000mL	1000mL	1000mL	1000mL
pH 值	2.0	2.0	2.0~3.5	2~3.5	1.5~2.0

3.2.2 细菌计数方法

本实验采用的细菌计数方法为血小球计数法，使用的计数板的规格是 25×16，步骤如下：

（1）将要测定的细菌溶液稀释，使血小球计数板的每格含 5 个左右的细胞。

（2）用盖玻片盖住血小球计数板的中央计数室，用胶头滴管吸取少量的细菌溶液，从盖玻片的边缘滴入中央计数室，菌液自动进入计数室，静置 5min 开始计数。

（3）将血小球计数板置于显微镜载物台中央，找到计数室中央的网格，调节显微镜微调旋钮，观察不同视野条件下的细菌数量，记录对应的细菌数量。

对于 25×16 规格的计数板，除取 4 个角上中格计数外还要取正中间的一个中格共 80 小格计数，对于格线上的细菌，只计上方及左方或下方与右方线上的菌体。每个样品重复计数 3 次，取平均值，再按公式（3-1）计算每毫升菌液中所含的细菌数。

细菌数 =（80 小格内的细胞数/80）×400×1000×稀释倍数

$$(3-1)$$

3.2.3 亚铁滴定测定细菌活性

3.2.3.1 试剂

（1）标准重铬酸钾（0.1%）：将重铬酸钾于160℃条件下烘干，准确称取29.4210g于1L容量瓶中，加入去离子水溶解并稀释至标线，即为0.1%的重铬酸钾标准溶液，现用现配。

（2）二苯胺磺酸钠指示剂：准确称取0.25g二苯胺磺酸钠，加入适量的水进行溶解，最后加水稀释至50mL，摇匀。

3.2.3.2 滴定方法

采用重铬酸钾法滴定溶液中的亚铁离子含量。取待测定的溶液2mL加入到50mL小烧杯中，加入10mL硫磷酸（7.0mL蒸馏水+1.5mL浓硫酸+1.5mL浓磷酸），混合均匀。再往烧杯里加入7滴二苯胺磺酸钠指示剂，摇匀。采用1%的重铬酸钾对溶液进行滴定，滴定时，溶液的颜色从无色变为紫色即为滴定终点，记录滴定所耗重铬酸钾的体积。计算Fe^{2+}含量。滴定过程的反应为：

$$6Fe^{2+} + Cr_2O_7{}^{2-} + 14H^+ \Longrightarrow 6Fe^{3+} + 2Cr^{3+} + 7H_2O \qquad (3-2)$$

3.2.4 悬菌液制备

取生长达到对数期的细菌菌液，过滤去除细菌代谢产物，将溶液于10000r/min条件下离心分离10min，浓缩后的细菌用pH=2.0的稀硫酸洗涤4次，再加入稀硫酸，将细菌浓度稀释为$2×10^{12}$细胞/mL左右，此菌液即为氧化亚铁硫杆菌悬菌液。

3.2.5 游离菌和吸附菌测定

采用0.15mol/L NaOH热解细胞后，以考马斯亮蓝法测定蛋白质来测定菌量，游离菌量为游离于溶液中的细菌含量，吸附菌量主要是测定吸附到钴酸锂表面细菌的含量。

3.2.5.1 溶液中细菌浓度的测定方法

将浸出液过滤后获得上清液，取 10mL 上清液，以 7.5mol/L NaOH 溶液 100℃条件下水解 30min。水解后离心分离 10min，取分离后溶液 200μL 与考马斯亮蓝显色剂 2.8mL 混合测其吸光值，通过标准曲线计算出对应的蛋白质含量。静置 30min，用蛋白质分析仪（Eppendorf）在 695nm 处进行比色，测定吸附值。

3.2.5.2 细菌吸附量的测定

测定吸附于钴酸锂颗粒表面上的细菌蛋白质的含量，首先要使吸附的细菌进入溶液中，除去未被浸出的残渣才能测定吸附到钴酸锂表面的细菌含量。因此，首先采用 0.1mol/L NaOH 溶液 100℃条件下水解 30min，将吸附到钴酸锂表面的细菌蛋白质水解成氨基酸而进入溶液中，过滤后除去固体钴酸锂残渣，然后按照蛋白质水解法测定溶液中蛋白质的方法进行测定。

3.2.6 钴含量分析方法

盐酸羟胺溶液（2g/L）：准确称取盐酸羟胺固体 0.2g，加入烧杯中，加蒸馏水 100mL 溶解，摇匀备用。

三乙醇胺溶液（30%）：量取 30mL 三乙醇胺于烧杯中，再加入 100mL 蒸馏水，摇匀备用。

NaF 溶液（1%）：称取 1g 氟化钠固体，在烧杯中加少量水溶解，再加水稀释至 100mL，摇匀备用。

紫脲酸铵指示剂（0.5%）：称取约 0.05g 紫脲酸铵，加入 10mL 热蒸馏水溶解（现配现用）。

0.05mol/L EDTA 标准液配制：准确称取 9.306g 乙二胺四乙酸钠，加入到 250m/L 烧杯中，用 100mL 蒸馏水加热溶解，冷却后转移至 500mL 容量瓶中，加水稀释至刻度线，摇匀。

称取 0.10~0.12g（精确到 0.0001g）钴酸锂样品于 250mL 锥形瓶中，加入 1：4 盐酸溶液 15mL 和过氧化氢 1mL 溶解，在电炉上低温加热溶解，将溶液蒸发至约 5mL，冷却后，分别加入 30% 三乙醇胺溶液、2g/L 盐酸羟胺溶液、1% 氟化钠溶液各 5mL，滴加 1∶1 氨水将溶液调为黄色，加入 15mL pH=10 的氨水—氯化铵缓冲溶液，再加入约 70℃ 的蒸馏水 50mL，加入两滴配置好的 0.5% 的紫脲酸铵指示剂，用 0.05mol/L EDTA 标准溶液滴定至溶液变为紫红色（橙黄变紫红）为终点，记录消耗的 EDTA 标准溶液的体积，计算钴酸锂试样中钴的含量。

$$\omega = \frac{CVM}{1000G} \times 100\% \tag{3-3}$$

式中 ω——钴的百分含量；

C——EDTA 标准溶液的浓度，$C = 0.05\text{mol/L}$；

V——EDTA 标准溶液的体积，mL；

M——钴的摩尔质量，M = 58.93g/mol；

G——试样质量，g。

3.2.7 其他分析测定方法

应用扫描电镜（Quanta 200）观察钴酸锂浸出前后表面腐蚀形貌，采用扫描电镜所带的能谱仪（INCA）对所观测区域进行表面能谱测试，对钴酸锂表面成分进行化学元素分析，采用 XRD（D8ADVANCE）对浸出渣的物相进行分析。在室温条件下用型号为 PHSJ-3F 的 pH 计测定浸出过程中溶液的 pH 值和 Eh。

3.3 氧化亚铁硫杆菌的分离培养

3.3.1 菌种采集

取 500mL 的带有胶塞的细口锥形瓶，用牛皮纸密封瓶口，置于 120℃ 灭菌锅中高温灭菌 20min，待冷却后即作为细菌采样瓶。实验原始菌种是从南昌市朝阳污水处理厂取的活性污泥，采样时，水样量为瓶容积的 2/3，留有一定空间以保证一定量空气

供细菌呼吸。取样后，塞好胶塞，用牛皮纸密封，带回实验室作
为原始菌种。

3.3.2 菌种富集

氧化亚铁硫杆菌的富集：在 250mL 锥形瓶中加 100mL 灭菌
后的 9K 盐溶液和 2.24g $FeSO_4 \cdot 7H_2O$，用 50% 的 H_2SO_4 调节
pH=2.0 左右，接种活性污泥 10mL，于 30℃、160r/min 条件下
恒温振荡培养 10 天进行传代培养，经过四次传代培养后，氧化
亚铁硫杆菌变成绝对优势菌群，并且细菌培养颜色变化越来越
快。培养液颜色变化如表 3-3 所示。

表 3-3 培养液颜色变化

时间/天	一	二	三	四	五	六
颜色	浅绿色	微黄色	淡黄色	土黄色	红棕色	暗红色

富集培养基：9K 盐液：$(NH_4)_2SO_4$ 3.0g；KCl 0.10g；K_2HPO_4
0.50g；$MgSO_4 \cdot 7H_2O$ 0.5g，$Ca(NO_3)_2$ 0.01g，$FeSO_4 \cdot 7H_2O$
44.8g/L，蒸馏水 1000mL。

3.3.3 菌种纯化

经过多次富集的菌液几乎不含杂菌，但仍然可能是硫杆菌属
内众多种的混杂体。因此，要想得到纯的氧化亚铁硫杆菌菌种，
须对富集后的菌种进行分离纯化。本实验采用稀释涂布平板法来
对细菌分离纯化，操作步骤如图 3-2 所示。

细菌的分离纯化采用琼脂 9K 固体培养基，该培养基由三部
分组成：

（1）$(NH_4)_2SO_4$ 3g，KCl 0.1g，K_2HPO_4 0.5g，$MgSO_4 \cdot$
$7H_2O$ 0.5g，$Ca(NO_3)_2$ 0.01g，蒸馏水 500mL，121℃ 灭
菌 20min；

（2）$FeSO_4 \cdot 7H_2O$ 44.8g，蒸馏水 300mL，用微孔滤膜（直
径 0.22 μm）过滤灭菌；

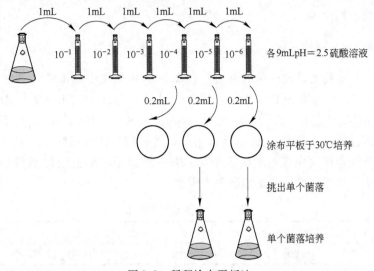

图 3-2 稀释涂布平板法

（3）琼脂糖 10g，蒸馏水 200mL，121℃灭菌 20min。

具体步骤：待步骤（1）和步骤（3）冷却到 70℃左右时，与步骤（2）液混合均匀，快速用 H_2SO_4 调 pH = 3 ~ 4 之间，将 15mL 左右的培养基倒入直径为 75mm 的经过灭菌的培养皿中，冷却凝固后即成固体平板。

取 1mL 经过富集培养的氧化亚铁硫杆菌液，用稀硫酸（pH = 2.5）依次稀释成 10^{-1}、10^{-2}、10^{-3}、10^{-4}、10^{-5}、10^{-6} 的稀释菌液。吸取稀释度为 10^{-4}、10^{-5}、10^{-6} 的稀释菌液各 0.2mL 接种于 3 个固体培养皿中。在 30℃生化培养箱中正置培养，半小时后倒置培养。3 天后，固体培养基表面有白色的小菌落。8 天后，固体培养基表面长出小菌落，菌落的形态为黄褐色点状小固体。用接种环挑起单个菌落置于装有 100mL 液体培养基中，在 30℃、160r/min 的恒温振荡箱中培养，7 天后培养基的颜色变为棕红色。说明此细菌为氧化亚铁硫杆菌。

3.3.4　菌种保存

将液状石蜡装于 10mL 的带盖离心试管中，于高压灭菌锅内 121℃灭菌 20min，置于 40℃恒温箱中蒸干水分备用。将培养至对数生长中期的氧化亚铁硫杆菌菌液过滤去除黄钾铁钒和其他代谢产物，在 10000r/min 转速条件下离心分离 20min，浓缩后作为保藏菌液置于 4℃低温保藏。

3.3.5　菌种驯化

细菌的培养液采用 9K 培养液。取纯化后的氧化亚铁硫杆菌液 30mL 加入到 9K 培养基中，在培养基中加入 2g 研磨好的电极材料，培养 10 天，对细菌进行驯化。10 天后，将此细菌接种于新的 9K 冶铁培养基中进行换代培养，当培养液颜色为红褐色后停止驯化，经过数次换代培养的细菌具有较强的适应钴酸锂浸出的环境。

3.3.6　菌种生理、形态特征鉴定

（1）显微镜观察细菌形态，对氧化亚铁硫杆菌进行革兰氏染色观察，步骤如下：

1）涂片：取干燥的载玻片，在正面做好标记，用胶头滴管吸取少量菌液置于载玻片中央，形成一均匀的薄层，涂布面不应过大；

2）干燥：在空气中自然干燥或者在生化培养箱中 40℃恒温干燥；

3）染色：在载玻片上滴加一滴细菌菌液，并加入草酸铵结晶紫染色约 1min；

4）水洗：用水轻轻地清洗载玻片，洗去多余的草酸铵结晶紫，并将载玻片微微倾斜，吸去边缘的水珠；

5）镜检：用倒置荧光相衬显微镜观察，并在放大 400 倍条件下拍照，如图 3-3（a）所示。

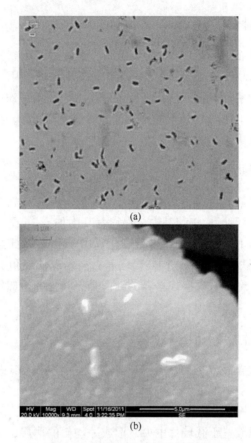

(a)

(b)

图3-3 氧化亚铁硫杆菌形貌图

（a）显微镜下形貌图；（b）扫描电镜下形貌图

（2）电镜观察细菌形态。

1）配制药品。

磷酸缓冲液（0.2mol/L）的配制：准确称取 25.7861g Na_2HPO_4 溶于 360mL 蒸馏水中；称取 4.3683g NaH_2PO_4 溶于 140mL 蒸馏水中。将上述两种溶液混合即为 0.2mol/L 的磷酸缓冲液。

2.5% 戊二醛磷酸溶液：取 10mL 戊二醛（25%）加入到 90mL 配制好的磷酸缓冲液中，即为 2.5% 戊二醛磷酸溶液。

2) 样品的处理。

①样品清洗：将生长达到对数期的氧化亚铁硫杆菌菌液于 10000r/min 条件下离心分离 10min，获得氧化亚铁硫杆菌沉淀物，并用 0.2mol/L 的磷酸缓冲液清洗 3 次，每次清洗约 20min。

②样品的固定：为了保持细菌的形态结构，必须对细菌进行固定，固定采用的是 2.5% 戊二醛，在冰箱内冷藏 4h。

③样品脱水：为保证细菌在电镜扫描时的高真空状态下不至于脱水变形，须在做扫描电镜之前进行脱水。固定后的细菌用磷酸缓冲液清洗 2 次，再进行梯度脱水，即用 30%、50%、70%、85%、95%、100% 的乙醇进行脱水处理，每次脱水 30min。

④置换乙醇：往经过脱水处理后的细菌沉淀物中加入醋酸异戊酯与乙醇 1:1 混合液，反应 10~20min 后，离心去除上清液，加入纯醋酸异戊酯，反应 10~20min，移去上清液，获得细菌沉淀物。将细菌沉淀物临界点干燥、粘贴、喷金后，在扫描电镜下进行观察，结果如图 3-3（b）所示。从图 3-3 中可以看出，经过富集、分离、纯化后的细菌的形态特征为：菌体个体很小，长度约 1.0~2.0 μm，直径 0.3~0.5 μm，形状为短杆状，两端钝圆，以单个、双个或几个成短链状存在。通过形态观察可以确定，此细菌为氧化亚铁硫杆菌。

3.4 钴酸锂生物浸出影响因素

3.4.1 接种量对钴酸锂浸出的影响

浸出条件：浸出液 9K，固-液比（w/V）1%，粉末粒度小于 120μm。在 160r/min，35℃ 条件下恒温振荡，考察接种量对钴酸锂浸出的影响，每两天取一次样测定溶液中钴离子浓度并计算钴浸出率。

图 3-4 所示为不同接种量对钴浸出率的影响。在浸出前两天，随着细菌的分裂繁殖，接种量大的浸出体系细菌数量较多，故浸出率高于接种量较小的体系，但是由于加入钴酸锂粉末时，

细菌已经培养一天，所以浸出前两天的差异不是很大，当浸出两天之后，细菌数量已达到平衡，钴酸锂浸出率就几乎没有差异。所以，当接种量在 2.5% ~ 12.5% 之间时，钴浸出率几乎无差异，钴浸出率在第 10 天都为 47.6% 左右，由实验结果可知，接种量对浸出率无影响。

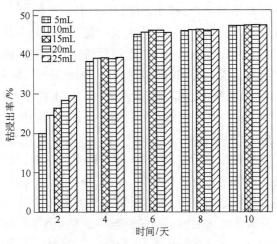

图 3-4　不同接种量时的钴浸出率

3.4.2　温度对钴酸锂浸出的影响

浸出条件：浸出液 9K，接种量 5%，固-液比(w/V)1%，粉末粒度小于 120μm。考察振荡器的振荡温度对钴酸锂浸出的影响。

将电池粉末加入三个锥形瓶中，分别放置于三个振荡器中，调节温度分别为 30℃、35℃、40℃，考察温度对钴酸锂浸出的影响，每两天取一次样测定溶液中钴离子浓度并计算钴浸出率，图 3-5 所示为不同温度条件下的钴浸出率。35℃ 浸出 10 d 钴浸出率为 48.7%，而 30℃ 和 40℃ 条件下浸出 10 d 钴浸出率分别为 44.7% 和 44.6%。在 30 ~ 35℃ 范围内，温度有利于细菌的生长，使得细菌的产酸能力加快，从而提高了钴的溶出，到 35℃ 之后，温度升高抑制了细菌的生长。

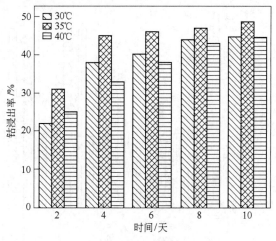

图 3-5 不同温度时的钴浸出率

3.4.3 初始 pH 值对钴酸锂浸出的影响

浸出条件: 接种量 5%, 固-液比(w/V)1%, 粉末粒度小于 120 μm。在 160r/min, 35℃ 条件下恒温振荡, 考察浸出液中不同初始 pH 值对浸出率的影响。

取五个锥形瓶, 分别加入没有调节 pH 值的 200mL 9K 溶液, 并用 50% 的硫酸调节初始的 pH=1.0~4.0, 考察不同初始 pH 值对钴酸锂浸出的影响, 每两天取一次样测定溶液中钴离子浓度并计算钴浸出率, 图 3-6 为不同初始 pH 值条件下的钴浸出率。初始 pH=1.5~2.5 范围内, 钴浸出率差异不大, 到第 10 天, 浸出率都为 48.1% 左右; 而当初始 pH=4.0 时, 浸出率为 46.3%, 较之 pH=1.0~2.5 范围稍小, 这是由于初始 pH 值越大, 初始浸出液中的杂菌越多, 从而降低浸出率; 但是当初始 pH=1.0 时, 浸出 10 天之后, 浸出率仅为 19.2%, 这是由于初始 pH 值太小, 细菌不容易生长, 只有很少一部分的细菌能在这种低 pH 值条件下存活, 而且活性也比较低, 因此浸出率很低。所以，初始 pH = 1.5 ~ 2.5 范围内，都适合钴酸锂的浸出。

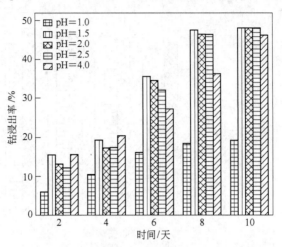

图 3-6   不同的初始 pH 值下钴的浸出率

3.4.4   初始亚铁离子加入量对钴酸锂浸出的影响

浸出条件：接种量 5%，固-液比（w/V）1%，粉末粒度小于 120μm。在 160r/min，35℃条件下恒温振荡，考察浸出液中不同初始 Fe^{2+} 加入量对浸出率的影响。

取五个锥形瓶，分别加入无铁 9K 培养基溶液 200mL，并向每个锥形瓶中加入 5 ~ 13g 的 $FeSO_4$，对应的亚铁离子浓度为 25 ~ 65g/L，考察不同初始 $FeSO_4$ 的加入量对钴酸锂浸出的影响，每两天取一次样测定溶液中钴离子浓度并计算钴浸出率。图 3-7 所示为不同初始亚铁离子条件下的钴浸出率。在浸出初期，亚铁离子浓度越小，钴酸锂的浸出率越高，这主要是因为在浸出初期，细菌氧化亚铁离子成为 Fe^{3+} 的量是一样的，而加入的 Fe^{2+} 是不同的，所以对应的溶液中的 Fe^{3+}/Fe^{2+} 氧化还原电位是不同的，即加入的 Fe^{2+} 的量越少，所对应的氧化还原电位越高，而溶液中高的氧化还原电位可以促进钴酸锂的溶解，所以，浸出初期初始亚铁离子浓度越低，浸出效率越高。而在第 6 天之后，由于低浓度的亚铁离子不能很好为细菌生长繁殖提供能量，所以浸出效率有所下降，而高浓度的亚铁离子可以继续提供能源物质。但是总的来说，在45g/L的条件下，第10天钴浸出率是最高的，为48.1%。

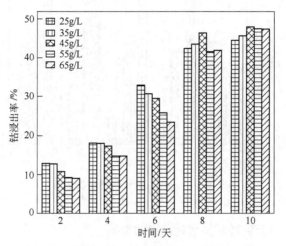

图 3-7　不同初始亚铁离子条件下的钴浸出率

3.4.5　固-液比对钴酸锂浸出的影响

当浸出液为9K，接种量5%，在200mL浸出溶液中分别加入不同量的钴酸锂粉末，在160r/min，35℃条件下恒温振荡。图3-8所示为固液比为2~8g(1%~4%)时对钴酸锂细菌浸出的影响。随着固-液比的增大，钴的浸出率降低。当加入的钴酸锂的量为2g（固-液比为1%）时，钴浸出率最大；然而，浸出的钴的总量是最少的；当加入钴酸锂为6g（固-液比为3%）时，钴的浸出率稍低，但是钴的总浸出量最大；在第10d为49.9%。当钴酸锂加入量达到8g时，钴浸出总量迅速减少；这是由于细菌的生长由于氧气和二氧化碳供应不足而受到影响，因此钴的浸出率随之降低。所以选择固-液比为3%最佳。

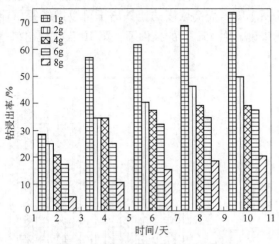

图 3-8　不同固-液比时的钴浸出率

3.4.6　粉末粒径对钴酸锂浸出的影响

　　浸出条件：浸出液 9K，接种量 5%，固-液比（w/V）1%。在 160r/min，35℃条件下恒温振荡，考察不同粉末粒度对浸出率的影响。

　　将钴酸锂粉末材料经过分子筛筛选，得到三种不同粒径的钴酸锂。将其加入锥形瓶中，测定溶液中钴离子浓度并换算成浸出率，结果如图 3-9 所示，三种粒径的钴酸锂粉末在整个浸出过程中浸出率并无明显差异，浸出第 10 天，钴酸锂的浸出率都为 47.5%。由实验结果可知，钴酸锂粉末的粒度大小对浸出效率无影响。

3.4.7　振荡速率对钴酸锂浸出的影响

　　浸出条件：浸出液 9K，接种量 5%，固-液比（w/V）1%，粉末粒度小于 120μm。考察振荡器的振荡速率对钴酸锂浸出的影响。

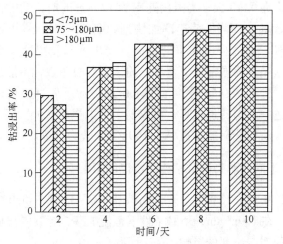

图 3-9 不同粉末粒径时的钴浸出率

　　将电池粉末加入三个锥形瓶中，分别放置于三个振荡器中，调节速率为 120r/min、160r/min、200r/min，考察振荡速率对钴酸锂浸出的影响，每两天取一次样测定溶液中钴离子浓度并计算钴浸出率，图 3-10 所示为不同振荡速率条件下的钴浸出率。如

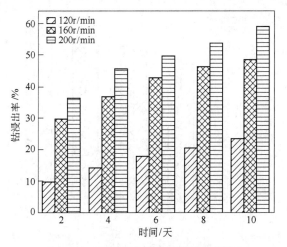

图 3-10 不同振荡速率时的钴浸出率

图所示，在第 10 天，当振荡速率为 120r/min 时，钴的浸出速率仅为 23.5%，而当振荡速率加快到 200r/min 时，浸出速率增加到 59.1%。随着振荡速率的提高，浸出率和浸出速率都相应提高了，这是因为振荡速率增加，粉末材料黏附在锥形瓶底部的数量减少，到 180r/min 时，无任何粉末沉淀于底部。理论上，转速越高越好，但转速太高，对仪器设备的损耗太大，振荡器很容易损坏，所以选择振荡速率为 160r/min 较为合适。

3.4.8 不同能源物质对钴酸锂浸出的影响

浸出条件：接种量 5%，固液比(w/V)1%，粉末粒度小于 120μm。在 160r/min，35℃ 条件下恒温振荡，考察浸出液中不同能源物质对浸出率的影响。

取三个锥形瓶，分别加入 200mL 9K 盐液，并分别向三个锥形瓶中加入 2g 硫黄、2g 硫黄和 8.9g $FeSO_4$、8.9g $FeSO_4$，考察不同能源物质对钴酸锂浸出的影响，每两天取一次样测定溶液中钴离子浓度并计算钴浸出率，图 3-11 所示为不同能源物质时的钴浸出率。当浸出液中只有硫作为能源物质时，在第 10 天钴的

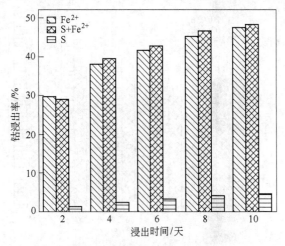

图 3-11　不同能源物质时的钴浸出率

浸出率仅为 4.6%，而能源物质为 Fe^{2+} 和 $S+Fe^{2+}$ 时，钴浸出率分别为 47.5% 和 48.2%。由此可以看出，加入硫黄对浸出率并无明显影响，所以，在实验中均采用 9K 培养基，不加入硫黄。

3.4.9 生物浸出前后钴酸锂表面的变化

将钴酸锂材料包埋于环氧树脂中，取前面实验得出的最佳条件，浸出 3 天后，用电镜观察浸出前后的表面变化，结果如图 3-12所示。从图中明显可以看出，浸出之前，钴酸锂表面比较平整；浸出之后，钴酸锂表面被严重侵蚀，说明钴酸锂在氧化亚铁硫杆菌浸出体系中容易被腐蚀。

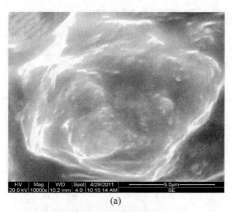

(a)

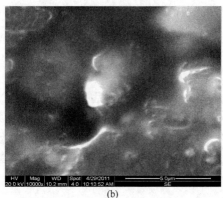

(b)

图 3-12 浸出前后钴酸锂颗粒表面的变化
(a), (b) 浸出前；(c), (d) 浸出后

3.5 本章小结

(1) 经过富集、分离、纯化后的菌种为氧化亚铁硫杆菌。接种量在 2.5% ~ 12.5% 之间时，钴浸出率几乎无差异，钴浸出率都为 47.6% 左右，所以接种量对浸出率无明显影响。钴酸锂粉末粒径在整个浸出过程中浸出率也是无明显差异，在小于 75 μm，75 ~ 180 μm，大于 180 μm 的粒度范围，钴酸锂的浸出率都为 47.5%。

（2）浸出温度在35℃浸出率达到最高的48.7%，温度继续升高，细菌的生长就会被抑制，浸出率就会降低。初始亚铁离子浓度越低，溶液氧化还原电位越高，浸出效率越高，6天之后，由于低浓度的亚铁离子提供给细菌生长的能量不足，所以浸出效率下降，而高于45g/L的溶液可以继续提供能源物质，所以选择45g/L最佳；加入溶液中的钴酸锂的量越大，浸出的钴的总量会相应的增加，但是当固-液比增加到3%之后，浸出的钴不仅不增加，反而会降低。

（3）扫描电镜表明细菌浸出过程的作用。浸出之前，钴酸锂表面比较平整；浸出之后，钴酸锂颗粒表面被严重腐蚀。细菌对钴酸锂颗粒的浸出，首先可能是在钴酸锂的某个特定的点开始，然后逐渐向外扩散。

4

氧化亚铁硫杆菌浸出钴酸锂的
电化学机理

4.1 浸出过程的 pH 值和 Eh 变化

钴酸锂生物浸出主要受两个因素的制约：一是溶液氧化还原电位；二是 pH 值。溶液中 pH 值和 Eh 的影响，在前面的实验过程可以看出，钴酸锂生物浸出过程中的 pH 值和 Eh 范围分别为 $1.0 \sim 3.0V$ 和 $0.3 \sim 0.6V$。从图 2-1 的 $Li\text{-}Co\text{-}H_2O$ 体系的 Eh-pH 值图中可以看出，钴酸锂 $LiCoO_2$ 在 pH<7.8，氧化还原电位在 $-0.3 \sim 1.8V$ 之间的情况下，钴酸锂在水溶液中的存在形态为 Co^{2+}。因此，浸出溶液的 pH 值和 Eh 的变化范围完全包含于此体系中。浸出液的 pH 值和氧化还原电位对浸出过程有一定的影响。据报道氧化还原电位是影响用氧化亚铁硫杆菌进行生物浸出效率的关键因素，增加溶液中亚铁离子的氧化还原电位，可以增强细菌的活动。Modak 等人也曾报道亚铁离子为细菌的生长提供能量，将 Fe^{3+}/Fe^{2+} 的氧化还原电位作为细菌活动和生物浸出效率的一个标准。此外，有研究者指出，提高溶液的电位可以改善生物浸出率。Gericke 等人发现当氧化还原电位在 $500 \sim 600mV$ 时，有利于溶解低品位铜矿，并因此发现了新的生物浸矿方法。钴酸锂是一种金属氧化物，在生物浸出时的 pH 值和氧化还原电位不同于矿物质。因此，非常有必要确定出生物浸出钴酸锂溶液的 pH 值和氧化还原电位。

本章研究用氧化亚铁硫杆菌浸出废弃锂离子电池中钴酸锂溶液时，pH 值和氧化还原电位的影响。通过改变初始 pH 值和亚铁离子的浓度来研究溶液的 pH 值和亚铁离子的浓度对浸出废弃锂离子电池中钴酸锂的影响。通过研究生物浸出过程中的循环伏安曲线和阳极极化曲线来了解氧化还原电位的影响。

4.1.1 pH 值随时间变化

不同初始 pH 值下溶液 pH 值随时间的变化详见图 4-1 （a）。在初始 pH 值为 1.0 的情况下，溶液的 pH 值最低。参照对应的钴溶解值的曲线 （图 3-6），可以发现：当初始 pH 值为 1.0 时，钴浸出率也同样处于最低值。然而，尽管初始 pH 值为 4.0 时，溶液 pH 值最高。但是，当初始 pH 值为 1.5、2.0 和 2.5 时，钴浸出率却相对较低。由此，可以推断出，浸出液中的 pH 值对钴溶解几乎没有影响。

在整个实验过程中，浸出液的 pH 值大体最终稳定在 2.1 左右。由于 Fe^{2+} （式 4-1）和钴酸锂 （式 4-2）的氧化过程是一个耗酸的过程，在这一过程中，pH 值会随着溶液中消耗量的增加而增加。但是，在 Fe^{3+} 的水解过程中，会有 H^+ （式 4-3 ~ 式 4-5）生成，使得溶液中的 pH 值降低，这两个产酸和耗酸的过程最终将达到平衡。

$$4Fe^{2+}+O_2+4H^+ \xrightarrow{\text{\textit{A. ferrooxidans}}} 4Fe^{3+}+2H_2O \qquad (4\text{-}1)$$

$$4LiCoO_2+12H^+ \longrightarrow 4Li^++4Co^{2+}+6H_2O+O_2 \qquad (4\text{-}2)$$

$$Fe^{3+}+H_2O \longrightarrow Fe(OH)^{2+}+H^+ \qquad (4\text{-}3)$$

$$Fe(OH)^{2+}+H_2O \longrightarrow Fe(OH)_2^++H^+ \qquad (4\text{-}4)$$

$$Fe(OH)_2^++H_2O \longrightarrow Fe(OH)_3+H^+ \qquad (4\text{-}5)$$

浸出液的 pH 值与 H^+ 的生成和消耗紧密相关。不同初始亚铁浓度对溶液 pH 值随时间影响如图 4-1 （b）所示。溶液中的 pH 值和初始亚铁浓度没有显著地关系，并且在实验后期 pH 值趋近于 2.1。这个结果和图 4-1 （a）是类似的。

4.1.2 Eh 随时间变化

在不同的初始 pH 值的情况下，溶液的氧化还原电位随着时

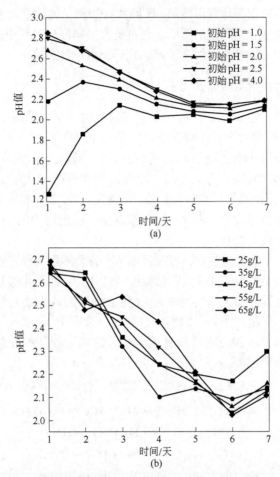

图 4-1　不同初始 pH 值（初始 Fe^{2+} 浓度：45g/ L）（a）及不同的
初始 Fe^{2+} 的浓度（初始 pH = 2）（b）下溶液 pH 值随时间的变化

间的变化如图 4-2 所示，变化的倾向和图 4-1 所示的相似。因此
推断，氧化还原电位升高时钴离子的浸出率可能会增大。当初始
pH≥1.5 时，实验第 5 天观察到了 525mV 左右的最高氧化还原
电位。然而，初始 pH=1.0 时，在第 7 天的实验中，氧化还原电
位仅在 435～465mV 之间变化，这种现象可能被解释为由于亚铁

的氧化，细菌的活性降低。pH = 1.5 ~ 4.0 之间时，在实验第 3
天有一个明显的氧化还原电位的峰值出现，这表明亚铁离子的氧
化率在此时处于上升的阶段（图 4-2 (a)）。起初，初始 Fe^{2+} 浓
度为 25g/L 的溶液中，一个相对更高的氧化还原电位将导致更高
的钴溶解。第 5 天之后，当初始 Fe^{2+} 的浓度为 25g/L 和 35g/L 时，

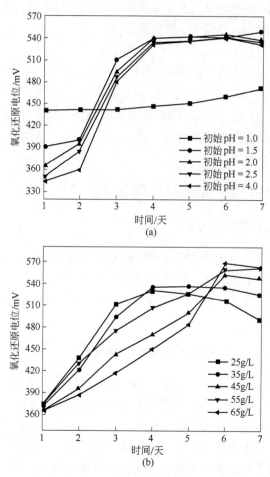

图 4-2 不同的初始 pH 值，溶液的氧化还原电位随时间的变化 (a)
及不同的初始 Fe^{2+} 浓度下，溶液的氧化还原电位随时间的变化 (b)

氧化还原电位会发生轻微的下降，同时钴溶解也会下降。结果显示，钴溶解增强的原因是氧化还原电位的提高。这一结果表明，影响钴溶解的主要因素就是溶液的氧化还原电位。

浸出过程中，氧化亚铁硫杆菌的生长所需能量是通过氧化亚铁离子来获得，空气中的氧气为最终的电子受体，在细菌的生长过程中，溶液中的亚铁离子浓度和铁离子浓度决定了溶液电位的变化，细菌生长过程主要的能源获得为：

$$Fe^{2+} = Fe^{3+} + e \tag{4-6}$$

$$Eh = E_0 + RT/nF \ \lg[Fe^{3+}]/[Fe^{2+}]$$

$$= 0.771 + 0.095 \lg[Fe^{3+}]/[Fe^{2+}] \tag{4-7}$$

由式（4-6）可知，随着细菌持续地氧化溶液中的 Fe^{2+}，溶液中的 Fe^{3+} 浓度将不断升高，再由式（4-7）可推断，溶液的电位也将逐步提升。

4.2 钴酸锂生物浸出过程电化学机理

4.2.1 电化学测量方法

微电极的电化学方法被用来研究氧化过程和相关的机制。与典型的炭糊电极相比，粉末微电极更容易识别极峰。换句话说，后者能比前者产生更高的电流密度，并且在确定信号方面更精确、更敏感。

4.2.1.1 钴酸锂粉末微电极的制作

剪取一根长 4cm，直径为 50 μm 的铂丝和一根长 10cm，直径为 1mm 的铜丝，用直径为 50 μm 左右的铜丝将它们的两端缠绕连接在一起，使铂丝露出长度大约 1.5cm，将之放于一管壁较厚、口径较小的玻璃管中，置于酒精喷灯下高温灼烧，待加热到玻璃管熔点时，用老虎钳对玻璃管进行反复加压，使铂丝紧密封焊于玻璃管端口中，另一端用环氧树脂进行固定。依次用水相砂纸，3 号和 6 号金相砂纸对电极进行打磨，使铂丝露出玻璃端口表面，并用粉末粒径为 $0.03\mu m$ 的氧化铝对其表面进行抛光，然后依次用蒸馏水和丙酮超声进行超声清洗。将该微电极在沸腾的王水中腐蚀。腐蚀过程中用显微镜观察，控制腐蚀深度约为 $20 \sim 50\mu m$。将腐蚀好的粉末微电极依次用蒸馏水、丙酮和二次蒸馏水进行超声清洗。待干燥后，再将钴酸锂粉末置于玻璃片上，将钴酸锂严实填充于电极顶端的微孔中，即得到钴酸锂粉末微电极，如图4-3所示。

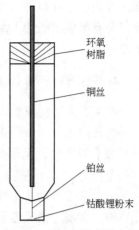

图4-3 钴酸锂粉末微电极

4.2.1.2 电化学测量系统

电化学测试采用的是传统的三电极系统，如图4-4所示。工作电极为钴酸锂粉末微电极，参比电极为饱和甘汞电极，对电极为铂电极。电化学测量仪器为上海振华 chi660d 电化学工作站。电化学测量的介质为 9K 培养基（g/L）：$(NH_4)_2SO_4$ 3.0，KCl 0.1，K_2HPO_4 0.5，$MgSO_4 \cdot 7H_2O$ 0.5，$Ca(NO_3)_2$ 0.01，用 50% 的硫酸调节初始 pH=2.0，菌种为氧化亚铁硫杆菌。实验前预先用 9K 培养基在 30℃、150r/min 条件下培养，达到指数生长

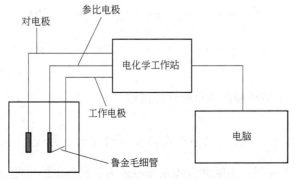

图4-4 电化学测量系统示意图

期时停止培养并接种（接种量为10%）到电解液中，以保证实验菌种有足够的活性，每次试验后将电极在超声波清洗器中清洗干净。

4.2.2 钴酸锂在9K培养液中的点腐蚀电位

图4-5为钴酸锂粉末微电极分别在无菌、有菌条件下的培养液中的开路电位。由图4-5可见，无菌条件下的开路电位明显大于有菌下的电位，无菌条件下的开路电位在0.34V左右，而有菌的电位为0.32V左右。无菌条件下开路电位较高，说明有菌条件下钴酸锂开始氧化腐蚀的电位更低，使得钴酸锂更容易被氧化腐蚀，所以细菌促进了钴酸锂的氧化腐蚀。

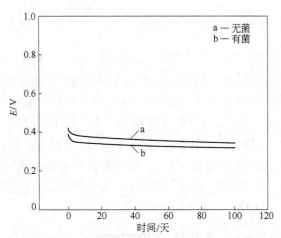

图4-5 钴酸锂粉末微电极在9K培养基中的开路电位

4.2.3 钴酸锂浸出的氧化还原过程

4.2.3.1 无菌钴酸锂电极重复循环伏安曲线

图4-6所示为钴酸锂粉末微电极无菌条件下的重复循环伏安扫描结果。由图可以看出，在初始阳极方向第一次扫描时，电流

在 0.581V 后随着电位的增加而明显增加，在 1.172V 出现阳极峰，峰电流为 $6.004\times10^{-6}A$，峰电流越大，说明通过粉末微电极的电流越大，反应速度越快。重复循环时，阴极电流峰增加，而且扫描次数越多，峰电流越高。这表明阳极氧化过程对阴极还原有很大的影响。

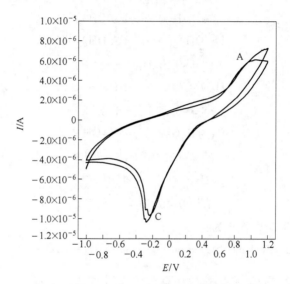

图 4-6 钴酸锂粉末微电极在无菌条件下的重复循环伏安曲线
（pH=2，SR=50 mV/s，T=298K）A—氧化峰；C—还原峰

氧化峰 A 的反应峰比较宽，所以推测可能对应着几个反应，分别为：

$$2LiCoO_2+3H_2O \longrightarrow 2Co(OH)_2+2LiOH+1/2O_2+2e$$

$$E^0 = 0.632V(VS. SCE)$$

$$Fe^{2+} \longrightarrow Fe^{3+}+e$$

$$E^0 = 0.777V(VS. SCE)$$

由实验结果可以看出，钴酸锂阳极氧化主要是发生钴酸锂水解释放氧气，重复循环扫描时，氧化峰 A 电位发生移动，说明不是直接的阳极氧化反应电流峰，而是几个反应的叠加。

电极负方向往回扫描时，出现了两个紧挨着的明显的还原峰，还原峰 C 很宽，对应着一系列的还原反应，其中可能发生的反应为：

$$CoO_2^- + 2H_2O + 2e \longrightarrow Co(OH)_2 + 2OH^-$$
$$E^0 = 0.220V(VS. SCE)$$
$$Fe^{3+} + H_2O \longrightarrow Fe(OH)_3 + H^+$$
$$Fe(OH)_3 + e \longrightarrow Fe(OH)_2 + H_2O$$
$$E^0 = -0.560V(VS. SCE)$$
$$H_2O + O_2 + 2e \longrightarrow HO_2^- + OH^-$$
$$E^0 = -0.076V(VS. SCE)$$
$$HO_2^- + H_2O + e \longrightarrow OH + OH^-$$
$$E^0 = -0.245V(VS. SCE)$$
$$O_2 + 2H_2O + 4e \longrightarrow 4OH^-$$
$$E^0 = 0.401V(VS. SCE)$$

总反应方程式为：
$$2LiCoO_2 + H_2SO_4 \longrightarrow 2CoSO_4 + 2LiSO_4 + 1/2O_2 + 3H_2O$$

4.2.3.2 有菌钴酸锂电极重复循环伏安曲线

图 4-7 为钴酸锂电极在有细菌浸出条件下的循环伏安曲线。由图可以看出，第一次阳极方向扫描时，有菌条件和无菌条件下开始电流都在 0.581V 随着电位的增加而明显增加，在 1.172V 左右出现氧化峰 A，但峰电流为 8.554×10^{-6}A，明显大于无菌条件下的峰电流，说明细菌存在时明显加速了亚铁离子的氧化以及钴酸锂的溶解。第二次扫描时，在 1.134V 电位处峰电流为 9.781×10^{-6}A，此峰电流比第一次扫描产生的峰电流强，而且扫描次数越多，峰电流越高。这同样表明了阳极氧化过程对阴极还原有很大的影响。

有菌条件和无菌条件的区别在于亚铁离子在细菌作用下能更

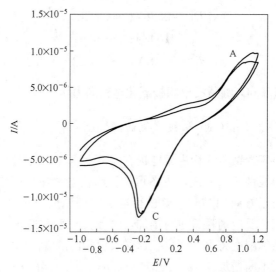

图 4-7　钴酸锂粉末微电极在有菌条件下的重复循环伏安曲线

（pH=2，SR=50mV/s，T=298K）A—氧化峰；C—还原峰

快速地氧化成铁离子：

$$Fe^{2+} + 2H^+ + 1/2O_2 \longrightarrow Fe^{3+} + H_2O + e$$

$$E^0 = 1.230V(VS.\ SCE)$$

循环伏安曲线是在生物浸出试验中用自行设计的钴酸锂粉末微电极得到的，无论是否有氧化亚铁硫杆菌的参与。正如图 4-5 显示的那样，在阳极扫描中，会出现一个 400mV 的可选择性钴酸锂溶解。反应式如下：

$$2LiCoO_2 + 3H_2O \longrightarrow 2Co(OH)_2 + 2LiOH + 1/2O_2 + 2e$$

$$E^0 = 0.632V(VS.\ SCE)$$

在阳极扫描的过程中，电势为 1.3V 的电流的密度会快速下降，钴酸锂表面薄膜的生成会阻碍钴溶解。可以看到，当电压为 0.4V 时，溶解速率快速提高，当电压为 1.3V 时，电流密度达到最高。在相反的扫描中，一个信号（C1）被记录了下来，并且可能会产生下列反应：

$$Fe(OH)_3 + e \longrightarrow Fe(OH)_2 + OH^-$$

$$E^0 = -0.56V(\text{VS. SCE})$$

$$O_2 + 2H_2O + 4e \longrightarrow 4OH^-$$

$$E^0 = 0.401V(\text{VS. SCE})$$

4.2.4 $LiCoO_2$细菌浸出阳极氧化过程动力学

4.2.4.1 $LiCoO_2$阳极氧化曲线

图4-8为钴酸锂粉末微电极在温度25℃、扫描速度10mV/s条件下的线性扫描曲线。由图可知，起始电位在平衡电位附近，当电位向正方向扫描时，电极得电子的还原反应速度将不断增大，电流和反应消耗量也将增加。随着反应速率加快，电极表面附近的酸的浓度将不断降低，这时反应物由溶液内部向电极表面的扩散量不断增加。

图4-8中曲线a、b分别对应无菌和有菌条件的扫描曲线，当扫描到达0.420V左右，电流随电位的升高而增大，钴酸锂氧化溶解速度加快，有菌条件下对应着的反应电流明显大于无菌条件下的反应电流。钴酸锂在有菌和无菌酸性体系中的点蚀电位E_{corr}相同，即$E_{corr}(a) = E_{corr}(b) = 0.420V$，对应着反应电流$I_b > I_a$。

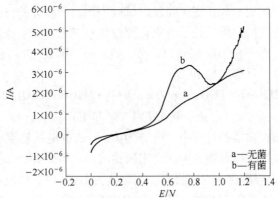

图4-8 $LiCoO_2$粉末微电极中存在或不存在氧化亚铁硫杆菌时的

阳极极化曲线

（$T = 298K$，$SR = 10mV/s$时）

在有菌条件下，由氧化曲线 b 可以看出，当电极正向扫描到 0.776V 时，电流迅速减小，形成了一层钝化膜，当电位达到了钝化电位 0.802V 以后，电流随扫描电位增加而增加，钝化膜被击穿。所以由结果可知，在 25℃、扫描速度 10mV/s 条件下，钴酸锂在溶液中的腐蚀电位为 0.420V，致钝电位为 0.776V，钝化电位为 0.802V。在无菌条件下，由于氧化电流小，不产生钝化膜。

4.2.4.2 不同扫描速率下 LiCoO₂ 细菌浸出阳极极化曲线

图 4-9 所示为钴酸锂粉末微电极在不同扫描速率条件下的线性扫描阳极氧化曲线（温度 25℃、pH = 2.0），由图中不同扫描速率下的阳极极化曲线可以得出不同扫描速率下对应的峰电流和峰电位，如表 4-1 所示。

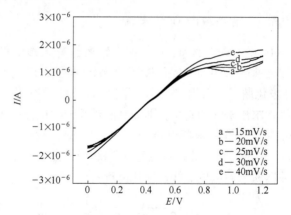

图 4-9　不同扫描速率下钴酸锂阳极氧化曲线
（$T = 298K$，SR = 15 ~ 40mV/s）

由表中的峰电流、峰电位分别作出曲线，扫描速率（v）和氧化峰电位（E）的关系可以表示为：

$$E = 0.2812\ln v + 0.0406 \qquad 回归系数\ R^2 = 0.9897$$

扫描速率（v）和氧化峰电流（I）的关系可以表示为：

$$I = 0.0006v^2 - 0.0071v + 1.1329 \qquad 回归系数\ R^2 = 0.9966$$

由计算结果可知，氧化峰电流（I）和扫描速度（v）及 v 的平方根都不成正比，氧化峰电位（E）与 $\ln v$ 成正比，且向扫描速率增加的方向移动。由结果可知，钴酸锂细菌浸出阳极氧化反应不可逆，且反应速率受钴酸锂电化学反应和扩散步骤的混合控制。

表4-1 阳极氧化曲线结果

扫描速率 v/mV·s^{-1}	峰电流 I/×10^{-6}A·cm^{-2}	峰电位 E/V
15	1.1640	0.8150
20	1.2050	0.8700
25	1.3020	0.9370
30	1.4530	0.9990
40	1.7580	1.0850

4.2.4.3 有无细菌 Tafel 曲线

图 4-10 中两条曲线 a、b 分别为钴酸锂粉末微电极在温度 25℃、扫描速度 0.01 mV/s 条件下的 Tafel 曲线，以电流电位做 E-I 线性极化曲线，采用"最小二乘法"线性回归方法求出最佳直线方程，求出直线的斜率，即为钴酸锂粉末微电极的极化阻力 R_p，截距为钴酸锂粉末微电极的腐蚀电位 E_{corr}。阴极和阳极过程的 Tafel 常数 b_a 和 b_c 分别对应着 ΔE-$\lg I$ 极化曲线直线部分的斜率。钴酸锂粉末微电极的线性极化方程符合 Stern-Geary 方程：

$$I_{corr} = \frac{b_a b_c}{2.3\ (b_a + b_c)} \times \frac{1}{R_p} \tag{4-8}$$

由图 4-10 的 Tafel 曲线计算得出相关数据如表 4-2 所示。由表可知，在有细菌的条件下，腐蚀电流密度增大、极化阻力降低，这表明了钴酸锂氧化反应速率有所提高，并且加入细菌后，阴极 Tafel 斜率 $b_c = 2.3RT/\alpha nF$ 增加，阳极 Tafel 斜率 $b_a = 2.3RT/\beta nF$ 减小。如果电子转移数 n 相等，则电子转移系数 α 减小，β 增加。所以由结果可知，细菌的加入有利于钴酸锂阳极反应的进

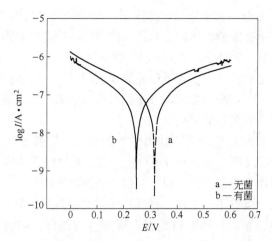

图 4-10　钴酸锂粉末微电极在有无细菌条件下的 Tafel 曲线
（pH=2，$T=298K$，SR=10mV/s）

行，抑制阴极的进行。

表 4-2　钴酸锂细菌浸出的动力学参数

浸出条件	E_{corr}/V	$I_{corr}/\mu A \cdot cm^{-2}$	$R_p/k\Omega$	b_c/V	b_a/V
无菌	0.3226	1.634	40.08	0.2246	0.4572
有菌	0.2855	1.544	50.59	0.2982	0.4521

4.3　本章小结

（1）钴离子的最大浸出量的条件是：初始 pH 值为 1.5，亚铁离子浓度为 35g/L，得出钴离子的浸出率和溶液的 pH 值几乎没有关系。尽管如此，在提高氧化还原电位时，钴离子的浸出率还是有所提升。循环伏安曲线表明，在溶液的电位高于 0.4V时，浸出率开始上升，在 1.3V 时，浸出率有明显的下降趋势。阳极极化曲线表明：腐蚀电位、初始钝化电位、钝化电位分别为0.420V、0.776V 和 0.802V。

（2）通过电化学方法，探明了钴酸锂细菌浸出的中间过程，即亚铁离子在细菌的作用下氧化为铁离子，铁离子水解产生 H^+，并且还原成亚铁离子，产生的 H^+ 能溶解浸出钴酸锂，所以在加入钴酸锂之后促进了铁离子的还原反应的进行，这也解释了为什么在没有加入钴酸锂之前溶液是棕红色，加入了钴酸锂颜色明显变淡，变为淡黄色的原因。

（3）由钴酸锂的浸出动力学参数可知，钴酸锂在 0.22V 左右发生阴极还原反应，在 0.632V 左右发生钴酸锂阳极溶解，所以在浸出体系中加外控电位，可以加速钴酸锂的溶解。钴酸锂阳极溶解反应具有不可逆性，且反应速率受吸附和扩散反应混合控制。细菌的加入有利于钴酸锂阳极反应的进行，抑制阴极的进行，使电子在钴酸锂电极、溶液界面之间的迁移阻力减小，加快了钴酸锂的氧化速率。

5

金属离子作用下钴酸锂的生物浸出

浸出过程实验：根据前述实验方法培养分离出嗜酸氧化亚铁硫杆菌，细菌在35℃条件下，在含1%废电池的9K介质中进行三个月的传代培养（sub-cultured），以便其能够快速地适应锂离子电池的环境，然后在35℃、含铜离子（10g/L）或银离子（1g/L）或铋离子（10g/L）条件下进行适应性培养。浸出试验在250mL的锥形烧瓶中，35℃的恒温振荡器中以160r/min的速率振荡7天。在200mL介质中，矿浆浓度保持1%，接种的体积分数5%。当细菌在培养液中达到对数期，同时加入正极材料$LiCoO_2$和$AgNO_3$（0.002，0.02，0.1和0.2g/L Ag^+）或$CuSO_4 \cdot 5H_2O$（0.001，0.01，0.25，0.50，0.75，1.0和10g/L Cu^{2+}）。在7天的试验周期中，每24h取1mL的溶液进行Co^{2+}含量的测定，过滤干燥获得的浸出渣进行SEM、XRD、EDX等表征。

5.1 银离子催化

5.1.1 银离子催化下pH值和Eh变化

图5-1为浸出过程溶液中pH值变化曲线。从图中明显可以看出，没有加入银离子条件下溶液中的pH值明显低于银离子作用下的pH值，相应的Eh要明显高于没有加入银离子的，并且随着银离子浓度的增加，pH值和Eh分别呈现递增和递减趋势。在0.02g/L时，pH值达到了最高值，Eh达到了最低值。当浓度高于0.1g/L时，pH值和Eh呈现相反的趋势，说明细菌对银离

子的耐受力在 0.1g/L 到 0.2g/L 之间，细菌对银离子的耐毒性较强。

从曲线的趋势可以看出，在实验的前几天，所有的 pH 值都降低，溶液中的 pH 值之所以会降低是由于两个原因。$LiCoO_2$ 的浸出包括耗酸（式（5-1））、产酸（式（5-2）），Fe^{3+} 的产生（式（5-2））和 Fe^{3+} 消耗（式（5-3）和式（5-4））。反应式（5-4）形成黄钾铁钒，是一层固态膜，会阻止 $LiCoO_2$ 的浸出。银离子的加入加速了钴酸锂的溶解，从而使得溶液中 H^+ 浓度减少，pH 值升高，同理 Eh 降低；同时亚铁离子被氧化成为铁离子，随着铁离子浓度的增加，铁离子的水解作用相应加快。水解作用产生的酸比溶解钴酸锂消耗的酸多，这样就会导致 pH 值降低。然而在第五天之后，pH 值呈现出上升的趋势，这表明消耗的酸比产生的酸量多。

$$2LiCoO_2+4H^+ \longrightarrow 2Co^{2+}+2Li^++O_2+2H_2O \qquad (5-1)$$

$$4Fe^{2+}+O_2+4H^- \xrightarrow{\ A.\ ferrooxidans\ } 4Fe^{3+}+2H_2O \qquad (5-2)$$

$$Fe^{3+}+3H_2O \longrightarrow Fe(OH)_3+3H^+ \qquad (5-3)$$

$$3Fe^{3+}+K^++2SO_4^{2-}+6H_2O \longrightarrow KFe_3(SO_4)_2(OH)_6+6H^+$$
$$(5-4)$$

不同 Ag^+ 浓度下浸出过程溶液电位的变化如图 5-1（b）所示。在加入 Ag^+ 和不加 Ag^+ 时，氧化还原电位区别明显。有 Ag^+ 加入时的电位比未加 Ag^+ 时低得多。当 Ag^+ 加入为 0.02g/L 时，可以看到电位为最小值。然而，当更高量加入时，如 0.2g/L，由于银离子对细菌活性的抑制，Eh 降低。Eh 值代表了 Fe^{3+}/Fe^{2+} 浓度比，这可以由银离子加入来调控。当银离子加入到浸出溶液时，电位降低，说明银的加入加速了三价铁的还原。当加入过量的 Ag^+ 时，重金属银离子会与细菌中的酶结合，降低细菌的氧化活性，从而引起细菌中毒，最终影响铜的浸出率。Gomez 等人的研究表明，在 30℃ 下当添加银离子催化时，黄铜矿在低氧化电位条件下更有利于铜的浸出。

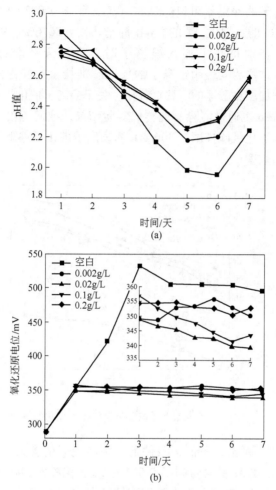

图 5-1 不同银离子浓度时浸出过程溶液中
pH 值（a）和 Eh（b）变化曲线

5.1.2 银离子催化下钴酸锂浸出

不同银离子浓度下钴溶出百分比如图 5-2 所示，从图中可以
看出，最高的浸出效率条件是在银离子浓度为 0.02g/L 时，钴酸

锂在第 5 天的浸出量可以达到 98.4%，而在 0.002g/L、0.1g/L 和 0.2g/L 时，钴酸锂的浸出量分别为 86.6%、92.2% 和 88.4%。特别是在不加入银离子时，第 5 天钴酸锂仅浸出 41.3%。这些数据表明银离子的加入既加快了钴酸锂的溶解速率，也增加了钴酸锂的溶解百分比，关于银离子催化的报道也有不少。Chen 也通过实验发现类似实验结果，他们指出氧化亚铁硫杆菌和氧化硫硫杆菌在 30mg/L 的银离子催化条件下可以明显提高浸出效率。

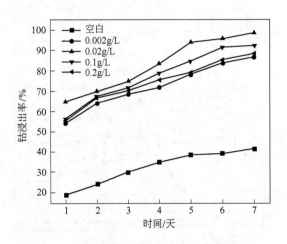

图 5-2　不同银离子浓度下钴浸出率变化曲线

EDX 分析银离子催化条件下渣中各元素的含量，元素 Co、Fe、O、S 和 Ag 的含量列于表 5-1 中，当银离子浓度为 0.02g/L 和 0.1g/L 时，渣中并没有检测到钴的存在，这表明当银离子在 0.02~0.1g/L 的范围内，所有的钴酸锂在第 5 天都几乎被溶解了；相比较于铜离子，催化效果明显提高，而催化剂的用量也明显减少。而当银离子浓度大于 0.2g/L 时，还有一些钴存在于渣中，这说明随着银离子量的增加，催化效果反而下降，也就是银离子对细菌的生长有毒害作用。

同时从表中可以看出，在银离子催化条件下，随着银离子浓度的增加，渣中银元素的含量也相应的增加，这说明有一部分的银离子在溶液中生成沉淀。由于在浸出液中加入 KCl 作为能源物质，从而生成 AgCl 沉淀。

表5-1 不同银离子浓度催化条件下渣中各元素的含量

加入的 Ag 的量/g·L⁻¹	Co 含量/%	O 含量/%	S 含量/%	Fe 含量/%	Ag 含量/%
0	5.34	40.51	10.38	43.61	0
0.002	1.52	46.38	13.47	37.80	0.85
0.02	0	39.78	13.32	43.85	1.47
0.1	0	37.19	12.77	45.60	1.86
0.2	0.27	35.31	12.03	47.54	4.11

5.1.3 银离子催化机理

图 5-3 所示为 0.02g/L 银离子条件下渣的 EDX 图谱。从图中可以看出，其中有 Fe、K、S 元素，同时还有少量的 Ag，可能是 Ag^+ 形成了 AgCl 或 Ag_2SO_4。图 5-4 所示为银离子在 0.02g/L 的条件下的 XRD 衍射图。从图中可以看出，和铜离子的催化条件下的渣相类似，渣中只有黄钾铁矾，未能观察到银的化合物，可能是银的量太小。而且没有检测到钴酸锂的存在，从这方面也可以看出，钴酸锂全部被浸出。

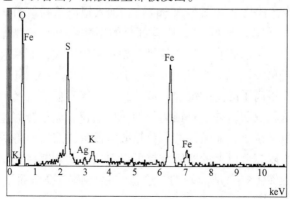

图 5-3 Ag^+ 催化浸出渣的 EDX 分析图

（Ag^+ 浓度为 0.02g/L 时）

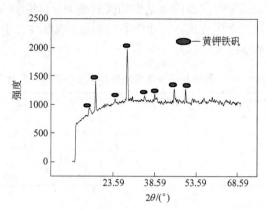

图 5-4 银离子催化条件下浸出渣的 XRD 衍射图

（Ag^+浓度为 0.02g/L 时）

图 5-5 为不同银离子浓度下浸出渣的 SEM 图。从图中可以看出，0.02g/L 银离子条件下图 5-5（c）的颗粒最为细小，结合前面 XRD 和溶解率来看，此颗粒为黄钾铁矾。这可能是在这种浓度银离子催化浸出下，$LiCoO_2$ 被溶解得最多。在银离子的作用下，加速了溶液中各物质的电子转移速率，使得溶液中产生的沉淀物减少，从而使得颗粒很少黏结在一起，颗粒的粒度减小。在无银离子催化下（图 5-5（a））和加入银离子的量为 0.002g/L 的作用下（图 5-5（b）），还有部分的钴酸锂没有被浸出，渣的表面形成一层固态膜，颗粒粒径会相对来说增大，而钴酸锂的粒径比渣中黄钾铁矾的粒径大很多。然而，从图 5-5（d）可以看出，随着银离子的量的增加，渣的颗粒粒度不仅没有增大，反而减小，这就说明，并不是银离子的作用加速了电子转移速率，使得颗粒粒度减小，而是还有部分钴酸锂没有被溶出使得颗粒粒度变大。所以综合以上的实验结果可以看出，钴酸锂在 0.02g/L 的条件下的催化效果是最好的。这也和钴酸锂的浸出曲线（图 5-2）结果相吻合。

有很多关于银离子催化矿物生物浸出的文献，绝大多数都提出了一个观点，那就是在银离子加入溶液后同样在颗粒的表面形

(a)

(b)

(c)

(d)

图 5-5 不同银离子浓度下渣的 SEM 图

（a）空白；（b）0.002g/L；（c）0.02g/L；（d）0.2g/L

成了一种中间产物 Ag_2S。此中间产物极易溶解，能促进生物浸出率。因此，根据实验的检测结果和参考文献，我们推出银离子的催化机理如下：

$$Ag^+ + LiCoO_2 \longrightarrow AgCoO_2 + Li^+ \tag{5-5}$$

$$AgCoO_2 + 3Fe^{3+} \longrightarrow 3Fe^{2+} + Ag^+ + 2O_2 + Co^{2+} \tag{5-6}$$

$$4Fe^{2+} + O_2 + 4H^+ \xrightarrow{\textit{A. ferrooxidans}} 4Fe^{3+} + 2H_2O \tag{5-7}$$

整个催化效果是通过中间产物 $AgCoO_2$ 来实现的。首先，银离子通过反应式（5-5）在钴酸锂的颗粒表面生成中间产物 $AgCoO_2$，而后，通过反应式（5-6），$AgCoO_2$ 又被还原为银离子，最后经过反应式（5-7），细菌又通过氧化亚铁离子获得能量继续循环产酸。这些结果表明 $AgCoO_2$ 在催化方面具有很好的效果，同样在催化铁离子水解方面也有很好的效果。

5.2 铜离子催化

5.2.1 铜离子催化下 pH 值和 Eh 变化

5.2.1.1 浸出过程溶液中 pH 值和 Eh 变化

图 5-6 为不同铜离子浓度条件下浸出过程溶液中 pH 值变化。由图可知，当铜离子浓度为 0.75g/L 时，溶液的 pH 值最大；然而，当铜离子浓度为 1.0g/L 和 10g/L 时，pH 值处于一个相对较低的水平，这主要是因为高浓度的铜离子对细菌的生长和细菌活性都有很大的抑制作用。从另一方面来说，当在溶液中加入铜离子之后，所有的 pH 值都明显增加并且表现出相似的趋势，这主要是由于钴酸锂和溶液中的 H$^+$ 发生下述反应，这样使得 pH 值升高。

$$4LiCoO_2+12H^+\longrightarrow4Li^++4Co^{2+}+O_2+6H_2O$$

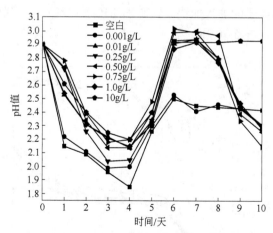

图 5-6 不同铜离子浓度浸出过程溶液中 pH 值变化曲线

在实验的前几天，所有的 pH 值都降低，这主要是由于亚铁离子被氧化成为铁离子，随着铁离子浓度增加，铁离子的水解作用相应加快，同时，水解作用产生的酸比溶解钴酸锂消耗的酸多，这样就会导致 pH 值降低。然而在第四天之后，pH 值呈现出上升的趋势，这表明消耗的酸比产生的酸量多。

随着实验的继续，加入的铜离子浓度为 0.25g/L、0.50g/L、0.75g/L 和 1.0g/L 的溶液的 pH 值降低，这表明几乎所有的钴酸锂都被溶解了，这导致溶液中的酸不会被消耗，H^+ 浓度增加，pH 值降低。然而，浓度为 0.001g/L、0.1g/L 和 10g/L 时，pH 值并没有呈现下降趋势，这表明在这些条件下，溶液中的钴酸锂没有全部被溶解。

不同铜离子条件下浸出溶液中 Eh 变化曲线如图 5-7 所示。由图可知，当铜离子加入时，溶液的 Eh 明显减小，并且在 0.75g/L 时，Eh 最小。然而，当铜离子浓度为 0g/L 和 0.01g/L 时，相应的 Eh 分别 78 mV 和 60 mV。溶液中的氧化还原电位代表着溶液中的 Fe^{3+}/Fe^{2+} 浓度的比值，而铜离子的加入会直接影响到溶液的 Eh，这也是铜离子加入溶液之后 Eh 会降低的原因，这表明铜离子的加入加快了铁离子的还原速率，从而降低了铁离子浓度，最后降低 Eh。

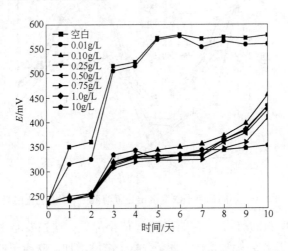

图 5-7　浸出过程溶液中 Eh 变化曲线

5.2.1.2 浸出实验之后溶液 pH 值和 Eh 变化

在整个实验浸出之后，将固体残渣过滤，继续测定溶液中的 pH 值和 Eh，得出的数据如图 5-8 和图 5-9 所示，pH 值和 Eh 曲线有相同的趋势，在第一天都增加，第二天就基本上达到平衡并持续到最后。另外，分离之后，溶液中还存在细菌，在铜离子的作用下，pH 值和 Eh 也没有明显的区别，从这些实验结果可以看

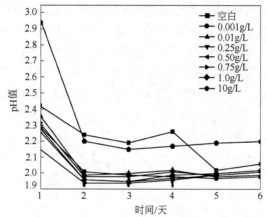

图 5-8 浸出之后溶液中 pH 值变化曲线

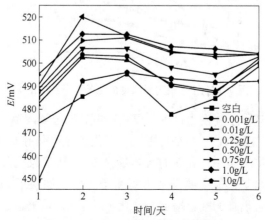

图 5-9 浸出之后溶液中 Eh 变化曲线

出，铜离子的加入会加速细菌的生长速率。

5.2.2 铜离子催化下钴酸锂浸出

在不同铜离子浓度下钴浸出率如图 5-10 所示。从图可以看出，铜离子的加入对钴酸锂的溶解速率和溶解百分比都有很好的催化效果，最好的催化效果是当铜离子浓度为 0.75g /L，在这种条件下，钴浸出百分比从 43.1% 提高到 99.9%，并且浸出时间由 10 天缩短到了 6 天，浸出的钴的 99.9% 浓度对应 4.8g/L。然而，当铜离子浓度为 0.01g/L、0.1g/L 和 10g/L 时，钴的浸出率分别为 46.0%、86.4% 和 32.7%。这表明加入铜离子可以增加钴的浸出量，也有很多类似的相关文献报道，Ballester 报道了使用 Ag^+ 和 Cu^{2+} 可以促进闪锌矿的溶解速率，并且可以增加闪锌矿的溶解量。

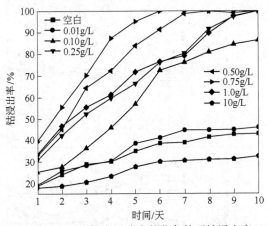

图 5-10 不同铜离子浓度催化条件下钴浸出率

对于整个生物浸出过程，要获得更高的金属溶解率，溶液中的 pH 值应该是在一个较低的值，氧化还原电位在一个较高值。但是，在本实验中，金属的溶解量更多，pH 值反而处于一个相对较高的水平，这主要是由于铜离子的加入加快了 $LiCoO_2$ 溶解速率，并且消耗的酸也增加，这就导致了 pH 值升高，而不是因为高的 pH 值增加了金属的溶解量。相似的，氧化还原电位之所以处于一个相对较低的水平是因为铜离子的加入加速了铁离子的水解速率，使得铁离子浓度降低。

用 EDX 分析渣中各元素的含量，元素 Co、Fe、O、S 和 Cu 的含量列于表 5-2 中，当铜离子浓度为 0.75g/L 时，渣中钴的含量仅为 0.09%，这表明几乎所有的钴酸锂都被溶解了，同时说明铜离子的催化效果很好。另外，不同铜离子催化条件下的渣中钴剩余量明显不同，这些数据也可以表明铜离子不仅加快了浸出速率，而且增加了钴酸锂的溶解量。同时，在整个实验过程中，铜离子的含量都保持在初始的一个浓度，不增加也不减少。

表 5-2   铜离子催化条件下渣中各元素的含量

加入的铜离子/g·L⁻¹	Co 含量/%	O 含量/%	S 含量/%	Fe 含量/%	Cu 含量/%
0.00	8.19	38.58	10.63	31.39	0
0.01	7.61	38.78	10.27	33.70	0
0.10	4.49	38.47	11.01	41.21	0
0.75	0.09	38.51	11.52	46.67	0
1.0	2.01	38.58	12.04	44.06	0
10	3.41	36.94	12.14	41.80	0

从图 5-11 所示为铜离子催化条件下渣的 XRD 衍射图中可以看出，渣中只存在黄钾铁矾，而并没有发现铜元素的存在。综合

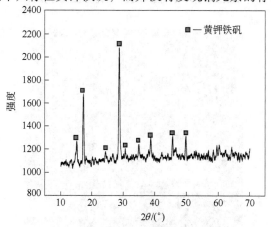

图 5-11   铜离子催化条件下渣的 XRD 衍射图

$(0.75g/L Cu^{2+})$

以上的检测结果，表明整个过程铜都存在于溶液中，而并没有沉淀在渣中。

图 5-12 所示为不同铜离子催化条件下浸出渣的 SEM 图。从图中可以明显看出，在铜离子的作用下，浸出渣的颗粒明显变小。当铜离子在浓度为 0.01g/L 和没有铜离子的情况下，渣的表面可以明显看到覆盖一层物质，并且颗粒明显变大；当铜离子浓度为 0.75g/L 时，可以看到浸出渣的颗粒非常细小，再综合 EDX

图 5-12 不同铜离子催化条件下浸出渣的 SEM 图

(a) 空白；(b) 0.01g/L；(c) 0.75g/L；(d) 10g/L

和 XRD 的分析结果可以看出，渣为细菌代谢产物黄钾铁矾，并且渣中几乎没有 $LiCoO_2$ 颗粒，这也和钴酸锂的溶解曲线相符合。

根据以上实验结果可以得出，铜离子催化效果很明显，主要原因是在 0.75g/L 的条件下，产生的黄钾铁矾沉淀最少，从而使得钴酸锂没有被包裹在沉淀物中。

5.2.3 铜离子催化条件下细菌的生长

细菌在不同的铜离子浓度下的生长曲线如图 5-13 所示，当铜离子浓度小于 0.75g/L 时，铜离子的加入明显促进了细菌的生长，然而，当铜离子的浓度大于 0.75g/L 时，细菌的生长受到了抑制，这是由于高浓度的铜离子对细菌生长有毒害作用。当铜离子浓度为10g/L时，溶液中也存在一些细菌，这也就是说，在高浓度铜离子下，细菌不会完全被抑制。细菌是在对数生长期开始计数，所以从曲线可以看出，第一天细菌的数量明显增加，第二天之后，细菌数量急剧减少从而达到稳定期。综合钴浸出百分比曲线可以看出，细菌的生长和浸出效率有一定的联系，细菌越多，浸出效率越高。

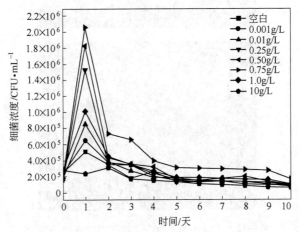

图5-13 细菌在不同的铜离子浓度下的生长曲线

5.2.4 铜离子催化机理

当铜离子加入溶液中之后，EDX分析渣中Fe、K、S和O的含量，结果如图5-14所示。从图中可以看出，渣中并没有检测到铜离子，因此很难确定铜离子的存在形态，或许以$CuCo_2O_4$的形态存在。有相关的文献报道，Chen等人研究了铜离子催化闪锌矿的浸出实验，他们提出了催化的机理，即当铜离子加入后，在闪锌矿表面产生了一种中间产物CuS，而CuS很容易被细菌代谢产生的酸溶解。因此，根据实验的检测结果和参考文献，推出铜离子的催化机理如下：

$$Cu^{2+}+2LiCoO_2 \longrightarrow CuCo_2O_4+2Li^+ \qquad (5\text{-}8)$$

$$CuCo_2O_4+6Fe^{3+} \longrightarrow 6Fe^{2+}+Cu^{2+}+2O_2+2Co^{2+} \ (5\text{-}9)$$

$$4Fe^{2+}+O_2+4H^+ \xrightarrow{\textit{A. ferrooxidans}} 4Fe^{3+}+2H_2O \qquad (5\text{-}10)$$

整个催化效果的实现是通过 $CuCo_2O_4$，然后生成的 $CuCo_2O_4$ 又被溶解从而又生成铜离子。首先，铜离子通过反应（5-8）在钴酸锂的颗粒表面生成中间产物 $CuCo_2O_4$，而后，通过反应式（5-9），$CuCo_2O_4$ 又被还原为铜离子，最后经过反应式（5-7），细菌又通过氧化亚铁离子获得能量继续循环产酸。这些结果表明，$CuCo_2O_4$ 在催化方面具有很好的效果，同样在催化铁离子水解方面也有很好的效果。

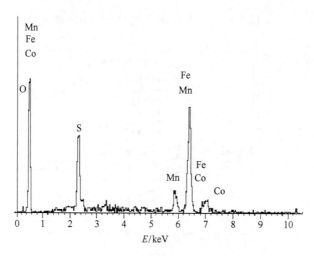

图 5-14　EDX 分析铜离子催化下的浸出渣

(0.75g/L Cu^{2+})

5.3　铋离子催化

5.3.1　铋离子催化下 pH 值和 Eh 变化

图 5-15 和图 5-16 所示分别为铋离子作用下的 pH 值和 Eh 变

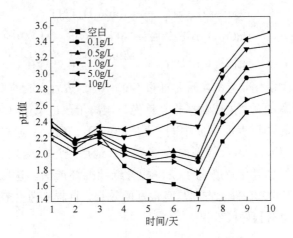

图 5-15　铋离子作用下的 pH 值变化曲线

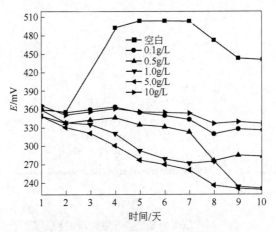

图 5-16　铋离子作用下的 Eh 变化曲线

化曲线。从图中明显可以看出，加入铋离子的 pH 值比没有加入铋离子的更大，相应的 Eh 要更小。从曲线可以看出，加入铋离子对溶液的 pH 值和 Eh 都有较大的影响，并且随着铋离子浓度的增加，pH 值和 Eh 分别呈现抛物线趋势，在 5.0g/L 的铋离子浓度下，pH 值和 Eh 分别达到了最大值和最小值。

5.3.2 铋离子催化钴酸锂浸出

图 5-17 所示为不同铋离子浓度下钴浸出率曲线。从图可以看出，加入少量的铋离子对浸出的催化效果不是很明显，而当加入的铋离子的量为 5g/L 时，催化效果最为明显，相比较于铜离子和银离子，铋离子的用量明显增大。从另一方面也可以看出细菌对于金属铋离子的耐受能力较强。

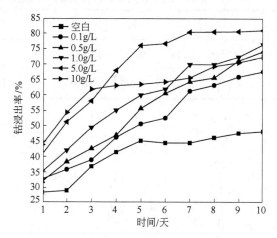

图 5-17 不同铋离子浓度下钴浸出率曲线

从曲线可以看出，铋离子的加入对钴酸锂的浸出具有很好的催化效果，当加入的铋离子浓度为 5g/L 时，钴酸锂的浸出率在第 7 天就达到了 80.4%，之后几乎不再增加，而在没有加铋离子的情况下，浸出效率在第 10 天达到 48.2%。从实验结果可以看出，钴酸锂的浸出率增加了 32.8%。但是相对于铜离子和银离子，浸出效率明显更小。

由于加入的催化剂硝酸铋容易和溶液中的硫酸生成硫酸铋沉淀，硫酸铋遇水水解产生不溶的碱式盐 $Bi(OH)_3 \cdot Bi(OH)SO_4$，而溶液中会产生大量的硫酸，所以铋离子只有在用量较大的情况下才能取得较好的催化效果。

EDX 分析铋离子浓度在 5g/L 最佳催化条件下的渣中各元素的含量，元素 Co、Fe、O、S 和 Bi 的含量列于表5-3 中，能谱的图谱如图 5-18 所示。从表和图中可以看出，渣中的铋离子含量相对较多，因为铋离子本身的加入量比较大。而渣中 Co 元素的含量很少，只有 1.42%，所以也可以看出催化浸出的效果较好，在渣中只存在少许的钴酸锂。

表5-3 铋离子催化条件下渣中各元素的含量（铋离子浓度为 5g/L）

元　素	O	S	Fe	Co	Bi	总
质量分数/%	38.25	11.38	38.11	1.42	10.84	100
原子分数/%	68.23	10.13	19.47	0.69	1.48	100

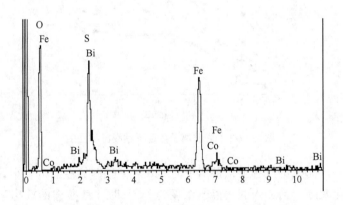

图 5-18　5g/L 铋离子条件下渣的 EDX 图谱

图 5-19 所示为 5g/L 铋离子作用下的 SEM 图。从图中可以，加入 5g/L 的铋离子和不加入铋离子两种情况下渣的颗粒大小和表面差异。加入铋离子之后渣的颗粒明显变小，明显呈现出多孔状，这也表明铋离子对钴酸锂的生物浸出具有较明显的催化效果，但相比于铜和银离子作用下渣的 SEM 图，颗粒比银和铜离子催化条件下的大。

图 5-19 不同铋离子作用下渣的 SEM 图
（a）空白；（b）5g/L

5.3.3 铋离子催化机理

和铜离子、银离子的催化机理相类似，整个催化反应过程是
通过中间产物 $BiCo_3O_9$ 来完成，推出铋离子的催化机理如下：

$$Bi^+ + 3LiCoO_2 \longrightarrow BiCo_3O_9 + 3Li^+ \tag{5-11}$$

$$2BiCo_3O_9 + 18Fe^{3+} \longrightarrow 18Fe^{2+} + 2Bi^{3+} + 9O_2 + 6Co^{2+}$$

$$\text{(5-12)}$$

$$4Fe^{2+} + O_2 + 4H^+ \xrightarrow{\textit{A. ferrooxidans}} 4Fe^{3+} + 2H_2O \quad \text{(5-13)}$$

5.4 本章小结

（1）在浸出体系中，添加适量的 Ag^+、Cu^{2+} 和 Bi^{3+} 对于钴酸锂生物浸出的反应有催化作用，催化机理相似，表现为溶液的 pH 值升高，Eh 降低，浸出效率增加。但是，高浓度的这些金属离子对细菌具有毒性作用，加入过量会抑制浸矿细菌的生长繁殖从而对钴酸锂的生物浸出不利。

（2）通过 SEM、XRD 和 EDX 等检测手段来证明金属离子的催化机理相似，并推导出催化浸出机理的模型为：

$$M^+ + LiCoO_2 \longrightarrow MCoO_2 + Li^+$$

$$MCoO_2 + Fe^{3+} \longrightarrow Fe^{2+} + M^+ + O_2 + Co^{2+}$$

$$4Fe^{2+} + O_2 + 4H^+ \xrightarrow{\textit{A. ferrooxidans}} 4Fe^{3+} + 2H_2O$$

（3）三种催化的金属离子银、铜、铋对生物浸出废旧锂离子电池中正极材料钴酸锂都有较好的催化效果，根据实验结果可以得出，铜离子和银离子都较适合作为此浸出体系的催化剂，这两种离子各有优缺点。首先，铜离子的催化具有很好的催化效率，在铜离子用量为 0.75g/L 的情况下，10 天左右就可以使得钴酸锂全部被浸出，而且铜离子的价格相对于银和铋较便宜，成本较低；然而，银离子的催化效率要高于铜离子，7 天左右钴酸锂就可以完全被浸出，并且银离子的用量只需要 0.2g/L；铋离子不太适合本体系的催化，因为铋离子不仅用量大，催化效果也明显不如铜离子和银离子。

6

钴酸锂的电化学浸出探索

尽管生物法比传统的湿法更具有优势，而且通过加入金属离子作为催化剂，与传统生物法相比，大幅度提高了废弃锂离子中钴的浸出速率，缩短了浸出时间，但所耗时间仍然偏长。根据前面生物浸出实验过程中溶液的氧化还原电位和钴的浸出率的变化，认为电位对钴的浸出至关重要。因此本章拟探索电化学浸出废弃锂离子电池中钴酸锂的可行性。

目前未见采用电化学强化浸出废弃锂离子电池或其他电子废弃物的研究。所报道的研究基本还是以浸出硫化矿为主。Sandström、Ahmadi 研究表明，向浸出体系外加直流电压可提高浸矿的速度。贺政以电化学处理黄铁矿、毒砂矿物的研究为基础，从理论及实践阐述了电化学处理对硫化矿物表面物理化学性质的影响。矿浆经电化学处理后，浮选回收率大幅度提高，硫回收率提高 14.15%，金回收率提高 18.23%。石初华在硫化铜精矿的硫酸铁电化浸出工艺中，得出硫酸铁电化浸出铜精矿的最佳工艺条件：Fe^{3+} 浓度 1.0mol/L，硫酸浓度 4.0 mol/L，温度 368K，浸出时间 6h，液固比（L∶S）6∶1，氯化钠加入量 1.5mol/L，表面活性剂浓度 0.2g/L，搅拌速度控制为 300r/min，槽电压 2 ~ 4V，阴极以 $2m^3/s$ 的速度通入空气并加入少量催化剂，此时铜的浸出率可达 95% 以上。王荣生研究表明，在碱性、黄药环境中，外控电位电化学预处理电位对黄铁矿浮选的影响显著，在电位 400 ~ 800mV 间黄铁矿回收率大幅升高。

6.1 无外加电压时 Fe^{3+} 和 Fe^{2+} 的酸浸实验

在体积分数为 10% 的 H_2SO_4 中加入 8g/L $LiCoO_2$ 粉末，搅拌速度 300r/min，室温浸出。另两组实验条件同上，但是在溶液中再加入 3.36g/L Fe^{3+}（以 $Fe_2(SO_4)_3$ 形式加入）或 3.22g/L Fe^{2+}（以 $FeSO_4 \cdot 7H_2O$ 形式加入）。每隔一段时间取样并测定样品中 Co^{2+} 的浓度。

图 6-1 所示为三种条件下钴的浸出过程。由图可知，加入铁离子与直接酸浸的浸出效果差不多，而加入亚铁离子时钴可以快速浸出；这可能因为钴酸锂在酸性条件下具有氧化性，Fe^{2+} 具有还原性，所以两者可能发生氧化还原反应：

$$LiCoO_2 + Fe^{2+} + 4H^+ \longrightarrow Li^+ + Co^{2+} + Fe^{3+} + 2H_2O$$

而 Fe^{3+} 没有还原性，故加入溶液中对钴酸锂浸出没有效果。

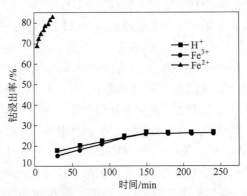

图 6-1　常温直接酸浸和加入 Fe^{3+}、Fe^{2+} 钴的浸出变化

6.2 无外加电压时 Fe^{2+} 加入量对钴浸出的影响

在体积分数为 10% 的 H_2SO_4 中加入 8g/L LiC_0O_2，室温下 300r/min 转速搅拌。分别加入 2g/L、4g/L、6g/L、10g/L $FeSO_4 \cdot 7H_2O$，每隔一段时间取样 4mL 并测定样品中 Co^{2+} 的浓度、pH 值，分别如图 6-2、图 6-3 所示。由图 6-2 可知，加入的 Fe^{2+} 越

多，钴浸出越迅速。从图 6-3 可以看出，pH 值升高。这是因为在浸出过程中，亚铁离子的氧化和钴酸锂的氧化都伴随着耗酸过程的进行，并且 pH 值会随着溶液中酸消耗量的增加而增加。

耗酸反应：

$$4Fe^{2+}+O_2+4H^+ \longrightarrow 4Fe^{3+}+2H_2O$$

$$4LiCoO_2+12H^+ \longrightarrow 4Li^+ + 4Co^{2+} + 6H_2O + O_2$$

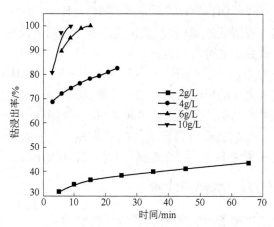

图 6-2　Fe^{2+} 加入量对钴浸出的影响

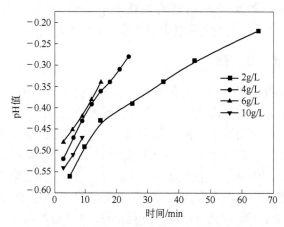

图 6-3　不同 Fe^{2+} 酸浸过程 pH 值的变化

然而，在 10g/L 的条件下浸出过程的 pH 值反常，这是因为大量铁离子在溶液中水解反应将会产酸，使溶液中的 pH 值降低。

产酸反应：

$$Fe^{3+} + H_2O \longrightarrow Fe(OH)^{2+} + H^+$$
$$Fe(OH)^{2+} + H_2O \longrightarrow Fe(OH)_2^+ + H^+$$
$$Fe(OH)_2^+ + H_2O \longrightarrow Fe(OH)_3 + H^+$$

浸出过程溶液的 pH 值就是由耗酸和产酸两个反应共同作用的结果。其总反应可表示为：

$$LiCoO_2 + Fe^{2+} + 4H^+ \longrightarrow Li^+ + Co^{2+} + Fe^{3+} + 2H_2O$$

由亚铁离子的影响可知：加入大量亚铁离子，可迅速有效地浸出钴酸锂中的钴。虽然工艺流程简单，回收率高，但是没有经济可行性。硫酸亚铁价格较贵，如果能有一反应条件使 Fe^{3+} 源源不断被还原为 Fe^{2+}，那么经济可行性就得以解决。

6.3　Fe^{3+}/Fe^{2+} 的循环实验

因对亚铁离子对钴的浸出进行了特别研究，故知道 Fe^{2+} 对钴浸出的促进作用及作用机理。利用盐桥能传递电子的性质，外加恒压源使铁离子被还原为亚铁离子，Fe^{2+} 与钴酸锂反应得 Fe^{3+}，Fe^{3+} 又在负极区得电子被还原成 Fe^{2+} 循环进行。

6.3.1　实验装置图

本书提出了一种电化学强化浸出钴酸锂的技术方法，并自制了适合该方法的浸出装置。对含有钴酸锂粉末的浸出液施加一定的电压，使浸出液中发生电化学反应，通过电子转换将 $LiCoO_2$ 还原成 Co^{2+}。废弃锂离子电池正极材料中有价金属浸出反应装置如图 6-4 所示，包括反应池、导电池、盐桥、恒压电源、搅拌器。导电池中导电介质加入导电性良好的物质，溶液搅拌转速控制在每分钟 300~400 转。该反应器可以通过施加电压。加入钴酸粉末，利用搅拌器使钴酸锂粉末充分混合均匀，待钴酸锂浸

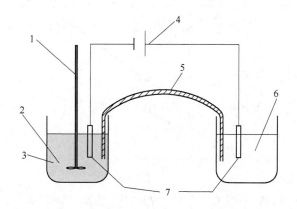

图 6-4 自制钴酸锂粉末的 Fe^{3+}/Fe^{2+} 循环浸出反应装置
1—搅拌器；2—钴酸锂粉末；3—硫酸溶液；4—恒流电压源；5—KCl 盐桥；
6—导电溶液；7—石墨片电极

出达到 80% 以上再向反应池中补充酸，继续投入钴酸锂粉末进行浸出。

实验装置是利用盐桥传递电子的原理使反应池中 Fe^{3+} 在阴极区得到电子转化成 Fe^{2+}，Fe^{2+} 与 $LiCoO_2$ 作用生成 Fe^{3+} 和 Co^{2+}，生成的 Fe^{3+} 又在负极区得电子被还原成 Fe^{2+}，反应过程中 Fe^{3+} 循环使用，整个浸出过程中钴酸锂转化成 Co^{2+} 并消耗反应器中的 H^+，在浸出过程中需向反应池中补充一定量的酸，以保证反应的进行。

6.3.2 Fe^{3+}/Fe^{2+} 的循环可行性实验

向反应池中加体积分数为 10% 的 H_2SO_4、8g/L $LiCoO_2$，室温下以 300r/min 转速搅拌。施加 2 V 外控电压，电极材料为 C/C。导电池中加入 12g/L 的 KCl 溶液。另一组实验条件同上，但是同时向反应池中加入 3.36g/L Fe^{3+}（以 $Fe_2(SO_4)_3$ 形式加入）。结果如图 6-5 所示。

外加电压比直接酸浸的浸出率有所提高，这是因为外加电压

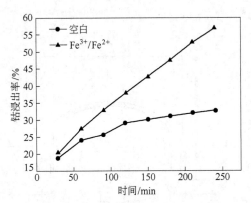

图 6-5 外加电压时有 Fe^{3+} 和无 Fe^{3+} 情况下钴的浸出变化

为溶液中的氧化还原反应提供了电位，使 $LiCoO_2 \longrightarrow Co^{2+}$，故其浸出有所提高，但是由于 CoO^- 价态为 -1 价，带负电荷，并不能直接在阴极上得电子而被还原，所以其浸出率增加的效果有限。而在负极区加 Fe^{3+}，外电压不仅提供氧化还原电位，而且 Fe^{3+} 为 $+3$ 价，带正电荷，能直接在阴极上得电子而被还原为 Fe^{2+}；Fe^{2+} 具有还原性，可与 $LiCoO_2$ 反应：$LiCoO_2 + Fe^{2+} + 4H^+ \longrightarrow Li^+ + Co^{2+} + Fe^{3+} + 2H_2O$，其浸出率明显提高。故可以说 Fe^{3+}/Fe^{2+} 的循环是可行的。

6.3.3 外加电压和硫酸铁加入量对钴浸出的影响

本书分别考察 Fe^{3+}/Fe^{2+} 的循环实验中电压和硫酸铁加入量对钴浸出率的影响。基本条件同 6.3.2 节的空白实验，加入 3.36g/L Fe^{3+}，同时施加不同电压（1V、3V、7V、12V），或者施加 12V 电压，同时加入不同量的 $Fe_2(SO_4)_3$（4g/L、8g/L、12g/L、20g/L、28g/L），结果如图 6-6、图 6-7 所示。由图 6-6 可知，1V 时，其浸出效果与酸浸效果差不多，然而 3V 及以上电压时，其浸出就有明显提高，这是因为根据电化学原理：

$$E = E_+ - E_- + \frac{0.059}{z}\lg\frac{a_{氧化剂}}{a_{还原剂}}$$

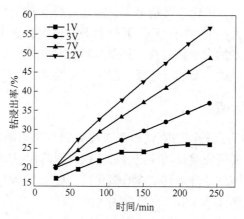

图 6-6　电压对钴浸出率的影响

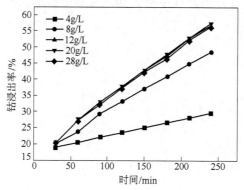

图 6-7　硫酸铁加入量对钴浸出率的影响

　　另外，溶液中会存在超电势，所以外加电压必须大于某一数值，否则溶液不导电，整个回路相当于断路，与酸浸无异。但是当电压大于某一数值时，这个回路通了，负极区有 Fe^{3+} 氧化为 Fe^{2+}，而且随着电压的增大，电流密度增大，其 Fe^{3+}/Fe^{2+} 的转化速率加快，浸出也增加。所以，电压越大，浸出越快。由图 6-7 同一时间下钴浸出率可知，随着铁离子的量的增加，其浸出率先增大后不变，量少时其浸出率随铁离子的量增加而明显提高，但是之后增加缓慢直至不变。这是因为铁离子量少时，主要是反应物不足，电化学影响不大；但是当铁离子的量增大后，因为电流密度大小的影响，Fe^{3+}氧化为Fe^{2+}速率是稳定且不变的，所以之后无论加多少硫酸铁，其浸出率基本相同。综合可知，加入适量的硫酸铁，既能有较好的浸出，又能节约资源。

6.4 本章小结

（1）本研究先证明亚铁离子对废弃锂离子电池钴的浸出有促进作用，并研究验证其浸出过程亚铁离子的作用原因：Fe^{2+}有还原性，在酸性条件下钴酸锂有氧化性，可知 $LiCoO_2 + Fe^{2+} + 4H^+$ $\longrightarrow Li^+ + Co^{2+} + Fe^{3+} + H_2O$ 是自发进行的。

（2）理论和实验说明，Fe^{3+}/Fe^{2+}的循环使用是可行的。

（3）加较高的外控电压，加入适量的硫酸铁可以获得较好的钴浸出效果。

结　论

常规酸浸实验研究结果表明，酸浸需要高温，需要过氧化氢等试剂，消耗时间长，因此并不是一种非常合适的废弃锂离子电池的处理方式。

生物浸出技术运用于电子废弃物的浸出是一项新兴的技术，展现了巨大的运用前景，尤其是将其运用于锂离子电池的回收方面，为研究者提供了一种更加低能耗、低污染的研究思路。本书探讨了氧化亚铁硫杆菌浸出废旧锂离子电池，研究了废旧锂离子电池的生物浸出影响因素，优化了浸出过程的条件，并采用吸附和电化学等方法对浸出过程的机理进行讨论，最后通过催化的方法对浸出过程进行优化，以提高钴酸锂的浸出效率。通过研究，使得生物浸出废旧锂离子电池最大的障碍——浸出效率低的问题得到了解决，并获得了整个浸出过程的化学反应原理，以及浸出过程的机理。得出主要结论如下：

（1）经过富集、分离、纯化后的细菌的形态特征为：长度约 $1.0 \sim 2.0 \mu m$，直径 $0.3 \sim 0.5 \mu m$，形状为短杆状，两端钝圆，可以确定此菌种为氧化亚铁硫杆菌。浸出过程中，细菌的接种量和钴酸锂粉末的粒度大小对浸出过程无影响；振荡速率越高，浸出效率明显加快；浸出温度在 35℃，浸出率达到最高（48.7%），温度继续升高，细菌的生长就会被抑制，浸出率降低；浸出过程初始亚铁离子浓度太低，不能够提供足够的细菌生长所需能量；浓度过高，溶液的氧化还原电位越低，也不利于浸出效率的提高，所以浓度以 45g/L 为最佳；加入溶液中的钴酸锂的量越大，浸出的钴的总量会相应增加，但是当固-液比增加到3%之后，浸出的钴不仅没增加，反而会降低。

（2）通过电化学点腐蚀实验表明，无菌条件下的开路电位在0.34V，而有菌条件下为0.32V，表明细菌促进了钴酸锂的氧化腐蚀；有菌条件下和无菌条件下的循环伏安曲线都表明在0.581V开始电流随着电位的增加而明显增加，在1.172V左右出现阳极峰A，但有菌条件下的峰电流明显大于无菌条件下的峰电流；钴酸锂的阳极极化曲线表明在25℃、扫描速度10mV/s条件下，钴酸锂在溶液中的腐蚀电位为0.420V，致钝电位为0.776V，钝化电位为0.802V，而无菌条件下氧化电流小，所以不产生钝化膜；由不同扫描速率下的阳极极化曲线可知，钴酸锂细菌浸出阳极氧化过程的反应具有不可逆性，且反应速度受电化学反应及扩散步骤混合控制；浸出过程的Tafel曲线表明，细菌的加入有利于钴酸锂阳极反应的进行，抑制阴极反应的进行。

（3）在铜离子的催化作用下，0.75g/L的铜离子可以达到最佳的催化效果，钴浸出率在第6天就可以达到99.9%，而没有加铜离子的在浸出10天后钴浸出率仅为43.1%，EDX、XRD和SEM分析同样证明了浸出效率的提高，并推出催化机理为：整个催化过程是通过一个离子交换反应进行的，浸出过程中$LiCoO_2$的表面被$CuCo_2O_4$取代，之后$CuCo_2O_4$被Fe^{3+}溶解；而银离子催化条件下，最佳的催化浓度为0.02g/L，浸出5天浸出率即可达到99.4%，浸出效率比铜离子高；而当铋离子浓度为5g/L时，钴酸锂的浸出率在第7天才达到了80.4%，催化效果明显不如铜和银。银和铋离子的催化机理和铜离子相似。

电化学方法浸出废旧锂离子电池中钴的可行性探索结果表明，Fe^{3+}/Fe^{2+}的循环使用是可行的。设计的反应器可使Fe^{3+}循环使用，常温下即大幅度提高钴的浸出率。相比传统的湿法浸出，在此减少了酸的使用量，降低了浸出能耗，并且有效地使铁得到了循环使用，大大节约了浸出成本。

本书采用的是生物浸出或电化学浸出的方法处理废旧锂离子

电池，虽然通过本研究使得浸出效率得到了极大地提高，但仍存在以下几方面的问题，如果进一步深入研究，将会使得浸出废旧锂离子电池技术得到很大的发展：

（1）生物浸出技术为废旧锂离子电池回收利用提供了新的途径，目前对生物浸出废旧锂离子电池的研究还处于探索试验阶段，还需要进一步研究以提高浸出效率，培养出能够适应工业化生产的高效菌种；对于浸出过程的理论研究也需加强，力争早日将生物浸出废旧锂离子电池技术应用于实践。

（2）生物浸出废旧锂离子电池在实验室条件下虽然得到了很好的实验结果，如果运用于工业化生产，由于回收量的增大，以及基于回收成本的考虑，将会带来一系列新的问题。例如，实验过程中采用的能源物质是硫酸亚铁，如果工业化生产，成本将会很高，可以考虑将硫铁矿作为能源，提供细菌生长，从而达到硫铁矿的浸出和废旧锂离子电池浸出的双重目的。

（3）本书重点介绍了废旧锂离子电池的浸出过程，对于浸出之前的废旧锂离子电池的拆分，尤其是浸出后的溶液中的钴离子和锂离子的萃取没有进行研究，因为生物浸出后溶液中各种离子的组成和含量与酸浸法的不一样，这些工作都需要进一步的研究。

（4）电化学浸出的更多影响因素的探索、浸出率的进一步提高、规模化生产的液固比的控制。

（5）生物浸出与电化学浸出的结合。生物浸出和电化学浸出都具有相当明显的优势，如果能把两者结合起来，即形成电助-生物浸出技术，则金属的浸出率可以在此基础上显著提高，完全有可能实现提高多种金属包括轻金属的浸出速率、缩短浸出周期。

参 考 文 献

［1］Mantuano D P, Dorella G, Elias R C A, et al. Analysis of a hydrometallurgical route to recover base metals from spent rechargeable batteries by liquid-liquid extraction with Cyanex 272 ［J］. Journal of Power Sources, 2006, 159 (2): 1510~1518.

［2］2013 中国锂离子电池产业战略研究. http://www. docin. com/p-645479436. html ［OL］.

［3］Ferreira D A, Prados L M Z, Majuste D, et al. Hydrometallurgical separation of aluminium, cobalt, copper and lithium from spent Li-ion batteries ［J］. Journal of Power Sources, 2008, 187 (1): 238~246.

［4］Chagnes A, Pospieche B. A brief review on hydrometallurgical technologies for recycling spent lithium-ion batteries ［J］. Journal of Chemical Technology and Biotechnology, 2013, 88: 1191~1199.

［5］Castillo S, Ansart F, Laberty-Robert C, et al. Advances in the recovering of spent lithium battery compounds ［J］. Journal of Power Sources, 2002, 112 (1): 247~254.

［6］Dutrizac J E. The kinetics of dissolution of chalcopyrite in ferric ion media ［J］. Metallurgical Transaction B, 1978, 9 (4): 431~439.

［7］Zhang P, Yokoyama T, Itabashi O, et al. Hydrometallurgical process for recovery of metal values from spent lithium-ion secondary batteries ［J］. Hydrometallurgy, 1998, 47: 259~271.

［8］Contestabile M, Panero S, Scrosati B. A laboratory-scale lithium-ion battery recycling process ［J］. Journal of Power Sources, 2001, 92: 65~69.

［9］Castillo S, Ansart F, Labberty R, Portal J. Advances of recovering of spent lithium battery compounds ［J］. Journal of Power Sources, 2002, 112: 247~254.

［10］Germano Dorella, Marcelo Borges Mansur. A study of the separation of cobalt from spent Li-ion battery residues ［J］. Journal of Power Sources, 2007, 170: 210~215.

［11］Kang J G, Sohn J, Chang H, et al. Preparation of cobalt oxide from concentrated cathode material of spent lithium ion batteries by hydrometallurgical method ［J］. Advanced Powder Technology, 2010, 21 (2): 175~179.

［12］Li L, Ge J, Wu F. Recovery of cobalt and lithium from spent lithium ion batteries using organic citric acid as leachant ［J］. Journal of Hazardous Materials, 2010, 176 (1~3): 288~293.

［13］Jessica F P, Natalia G B, Julio C A, et al. Recovery of valuable elements from spent Li-batteries [J]. Journal of Hazardous Materials, 2008, 150 (3): 843~849.

[14] Brandl H, Faramarzi M A, et al. Microbe-metal-interactions for the biotechnological treatment of metal-containing solid waste [J]. Particuology, 2006, 4 (2): 93~97.

[15] Xu J X, Thomas H R, Francis R W, et al. Review of processes and technologies for the recycling of lithium-Ion [J]. Journal of Power Sources, 2008, 177 (2): 512~527.

[16] Swain Basudev, Jeong Jinki, Lee Jae-chun, et al. Hydrometallurgical process for recovery of cobalt from waste cathodic active material generated during manufacturing of lithium ion batteries [J]. Journal of Power Sources, 2007, 167 (2): 536~544.

[17] Bernardes A M, Espinosa D C R, Tenório J A S. Recycling of batteries: a review of current processes and technologies [J]. Journal of Power Sources, 2004, 130 (1~2): 291~298.

[18] Nan Junmin, Han Dongmei, Yang Minjie, et al. Recovery of metal values from a mixture of spent lithium-ion batteries and nickel-metal hydride batteries [J]. Hydrometallurgy, 2006, 84 (1~2): 75~80.

[19] Hal A. Toxicity of lithium to humans and the environment-A literature review [J]. Ecotox. Environ. Safe, 2008, 70 (3): 349~356.

[20] Wang R C, Lin Y C, Wu S H, et al. A novel recovery process of metal values from the cathode active materials of the lithium-ion secondary batteries [J]. Hydrometallurgy, 2009, 99 (3~4): 194~201.

[21] 钟海云, 李荐, 柴立元. 从锂离子二次电池正极废料——铝钴膜中回收钴的工艺研究 [J]. 稀有金属与硬质合金, 2001, 114 (1): 1~4.

[22] 8000 吨/年废锂电池金属全封闭清洁回收工艺可研报告 [R]. http://www.doc88.com/p-7589~8087103.html.

[23] Montuano D P, Dorella G, Elias R C A, Mansur M B. Analysis of a hydrometallurgical route to recover base metals from spent rechargeable batteries by liquid-liquid extraction with Cyanex 272 [J]. Journal of Power Sources, 2006, 159: 1510~1518.

[24] 金泳勋, 松田光明, 董晓辉, 等. 用浮选法从废锂离子电池中回收锂钴氧化物 [J]. 国外金属矿选矿, 2003, (7): 32~37.

[25] Granata G, Moscardini E, Pagnanelli F, et al. Product recovery from Li-ion battery wastes coming from an industrial pretreatment plant: lab scale tests and process simulations [J]. Journal of Power Sources, 2012, 206: 393~401.

[26] Dorella G, Mansur M B. A study of the separation of cobalt from spent Li-ion battery residues [J]. Journal of Power Sources, 2007, 170: 210~215.

[27] 刘云建, 胡启阳, 李新海, 等. 从不合格锂离子蓄电池中直接回收钴酸锂 [J]. 电源技术, 2006, 30 (4): 308~310.

[28] 吕小三, 雷立旭, 余小文, 等. 一种废旧锂离子电池成分分离的方法 [J]. 电池, 2007, 37 (1): 79~80.

[29] Lee C K, Rhee K I. Reductive leaching of cathodic active materials from lithium ion battery wastes [J]. Hydrometallurgy, 2003, 68 (1~3): 5~10.

[30] Lee C K, Rhee K. Preparation of LiCoO₂ from spent lithium- ion batteries [J]. Journal of Power Sources, 200, 109: 17~21.

[31] Li L, Lu J, Ren Y, Zhang X X, et al. Ascorbic- acid assisted recovery of cobalt and lithium from spent Li-ion batteries [J]. Journal of Power Sources, 2012, 218: 21~27.

[32] Chen L, Tang X, Zhang Y, Li L, et al. Process for the recovery of cobalt oxalate from lithium ion batteries [J]. Hydrometallurgy, 2011, 108: 80~86.

[33] Sun L, Qiu K. Vacuum pyrolysis and hydrometallurgical process for the recovery of valuable metals from spent lithium ion batteries [J]. Journal of Hazardous Materials, 2011, 194: 378~384.

[34] Sun L, Qiu K. Organic oxalate as leachant and precipitant for the recovery of valuable metals from spent lithium-ion batteries [J]. Waste Manage, 2012, 32: 1575~1582.

[35] Zhang P, Yokoyama T, Itabashi O, et al. Hydrometallurgical process for recovery of metal values from spent lithium-ion secondary batteries [J]. Hydrometallurgy, 1998, 47: 259~271.

[36] Li L, Chen R, Sun F, et al. Preparation of LiCoO₂ films from spent lithium- ion batteries by a combined recycling process [J]. Hydrometallurgy, 2011, 108: 220~225.

[37] Kang J, Senanayake G, Sohn J, et al. Recovery of cobalt sulfate from spent lithium ion batteries by reductive leaching and solvent extraction with Cyanex 272 [J]. Hydrometallurgy, 2010, 100: 168~171.

[38] Shin S M, Kim N H, Sohn J S, et al. Development of a metal recovery process from Li- ion battery wastes [J]. Hydrometallurgy, 2005, 79: 172~181.

[39] Li L, Ge J, Chen R, et al. Environmental friendly leaching reagent for cobalt and lithium recovery from spent lithiumion batteries [J]. Waste Manage, 2010, 30: 2615~2621.

[40] Zhu S, He W, Li G, et al. Recovery of Co and Li from spent lithium- ion batteries by combination method of acid leaching and chemical precipitation [J]. Trans Nonferrous Metal. Soc. China, 2012, 22: 2274~2281.

[41] Swain B, Jeong J, Lee J, et al. Hydrometallurgical process for recovery of cobalt from waste cathodic active material generated during manufacturing of lithium ion batteries [J]. Journal of Power Sources, 2007, 167: 536 ~ 544.

[42] Xin Baoping, Zhang Di, Zhang Xian, et al. Bioleaching mechanism of Co and Li from spent lithium-ion battery by the mixed culture of acidophilic sulfur-oxidizing and iron-oxidizing bacteria [J]. Bioresource Technology, 2009, 100 (24): 6163 ~ 6169.

[43] Zhang P, Yokoyama T, Itabashi O, et al. Hydrometallurgical process for recovery of metal values from spent nickel-metal hydride secondary batteries [J]. Hydrometallurgy, 1998, 50 (1): 61 ~ 75.

[44] Lin J R, Fan C, Chang I L, et al. Clean process of recovering metals from waste lithium-ion batteries [P]. US Patent, 65514311, 2003.

[45] Xu J X, Thomas H R, Francis R W, et al. Review of processes and technologies for the recycling of lithium-ion [J]. Journal of Power Sources, 2008, 177 (2): 512 ~ 527.

[46] Pranolo Y, Zhang W, Cheng C Y. Recovery of metals from spent lithium-ion battery leach solutions with a mixed solvent extractant system [J]. Hydrometallurgy, 2010, 102: 37 ~ 42.

[47] Suzuki T, Nakamura T, Inoue Y, et al. A hydrometallurgical process for the separation of aluminum, cobalt, copper and lithium in acidic sulfate media [J]. Separation and Purification Technology, 2012, 98: 396 ~ 401.

[48] 柳建设. 硫化矿物生物提取及腐蚀电化学 [D]. 长沙: 中南大学, 2000.

[49] Watling H R. The bioleaching of nickel-copper sulfides [J]. Hydrometallurgy, 2008, 91 (1 ~ 4): 70 ~ 88.

[50] Sadowski Z, Jazdzyk E, Karas H. Bioleaching of copper ore flotation concentrates [J]. Minerals Engineering, 2003, 16 (1): 51 ~ 53.

[51] Zhang Lin, Qiu Guanzhou, Hu Yuehua, et al. Bioleaching of pyrite by A. ferrooxidans and L. ferriphilum [J]. Trans. Nonferrous Met. Soc. China. 2008, 18 (6): 1415 ~ 1420.

[52] Ehrlich H L. Manganese oxide reduction as a form of an aerobic respiration [J]. Geomicrobiology Journal, 1987, 5 (3 ~ 4): 423 ~ 431.

[53] Olson G J, Clark T R. Bioleaching of molybdenite [J]. Hydrometallurgy, 2008, 93 (1 ~ 2): 10 ~ 15.

[54] Zhang Jinghong, Zhang Xu, Ni Yongqing, et al. Bioleaching of arsenic from medicinal realgar by pure and mixed cultures [J]. Process Biochemistry, 2007, 42 (9):1265 ~ 1271.

[55] 金玉健. 从废弃锂离子电池中回收钴的研究 [D]. 武汉：武汉理工大学, 2006.

[56] Li L, Dunn J B, Zhang X X, et al. Recovery of metals from spent lithium- ion batteries with organic acids as leaching reagents and environmental assessment [J]. Journal of Power Sources, 2013, 233 (1): 180~189.

[57] 郭丽萍, 黄志良, 方伟, 等. 化学沉淀法回收 $LiCoO_2$ 中的 Co 和 Li [J]. 电池, 2005, 35 (4): 266~267.

[58] 杨海波, 梁辉, 黄继承, 等. 从废旧锂离子电池中回收制备 $LiCoO_2$ 的结构与性能研究 [J]. 稀有金属材料与工程, 2006, 35 (5): 836~840.

[59] Zhao J M, Shen X Y, Deng F L, et al. Synergistic extraction and separation of valuable metals from waste cathodic material of lithium ion batteries using Cyanex 272 [J]. Separation and Purification Technology, 2011, 78: 345~351.

[60] Wang F, He F, Zhao J M, et al. Extraction and separation of cobalt (II), copper (II) and manganese (II) by Cyanex 272, PC- 88A and their mixtures [J]. Separation and Purification Technology, 2012, 93: 8~14.

[61] Nan J, Han D, Zuo X. Recovery of metal values from spent lithiumion batteries with chemical deposition and solvent extraction [J]. Journal of Power Sources, 2005, 152: 278~284.

[62] Nan J, Han D, Yang M, et al. Recovery of metal values from a mixture of spent lithium- ion batteries and nickel- metal hydride batteries [J]. Hydrometallurgy, 2006, 84: 75~80.

[63] Ferreira D A, Prados L M, Majuste D, et al. Hydrometallurgical separation of aluminium, cobalt, copper and lithium from spent Li- ion batteries [J]. Journal of Power Sources, 2009, 187: 238~246.

[64] 秦毅红, 何汉兵. 废旧锂离子蓄电池正极材料回收研究 [J]. 电源技术研究与设计, 2006, 30 (8): 660~664.

[65] 文士美, 赵中伟, 霍广生. $Li-Co-H_2O$ 系热力学分析及 E-pH 图 [J]. 电源技术, 2005, 29, 423~426.

[66] 陈亮, 唐新村, 张阳, 等. 从废旧锂离子电池中分离回收钴镍锰 [J]. 中国有色金属学报, 2011, 21 (5): 1192~1198.

[67] Ra Dong- li, Han Kyoo- Seung. Used lithium ion rechargeable battery recycling using Etoile- Rebatt technology [J]. Journal of Power Sources, 2006, 163 (1): 284~288.

[68] M young J, Jung Y, Lee J, et al. Cobalt oxide preparation from waste $LiCoO_2$ by ectrochemical hydrothermal method [J]. Journal of Power Sources, 2002, 112 (2): 639~642.

[69] 赵东江，乔秀丽，马松艳，等. 废旧锂离子电池正极有价金属的分离和提取方法 [J]. 化工文摘，2009，1：53~56.

[70] Krause A, Uhlemann M, Gebert A, et al. The effect of magnetic fields on the electrodeposition of cobalt [J]. Electrochimica Acta, 2004, 49 (24): 4127~4134.

[71] Garcia E M, Santos J S, Pereira E C, et al. Electrodeposition of cobalt from spent Li-ion battery cathodes by the electrochemistry quartz crystal microbalance technique [J]. Journal of Power Sources, 2008, 185 (1): 549~553.

[72] Kim D S, Sohn J S, Lee C K. Simultaneous separation and renovation of lithium cobalt oxide from the cathode of spent lithium ion rechargeable batteries [J]. Journal of Power Sources, 2004, 132 (1~2): 145~149.

[73] Rohwerder T, Gehrke T, Kinzler K, et al. Bioleaching review part A: Progress in bioleaching: fundamentals and mechanisms of bacterial metal sulfide oxidation [J]. Appl ied Microbiology and Biotechnology, 2003, 63 (3) 239~248.

[74] Nakazawa H, Sato H. Bacterial leaching of cobalt-rich ferromanganese crusts [J]. International Journal of Mineral Processing, 1995, 43 (3~4): 255~265.

[75] Norris P R, Clark D A. Oxidation of mineral sulphides by thermophilic microorganisms [J]. Minerals Engineering, 1996, 9 (11): 1119~1125.

[76] Colmer A R, Hinkel M E. The role of microorganismin acid mine drainage: A preliminary report [J]. Science, 1947, 106: 253~256.

[77] Zhao Ling, Yang Dong, Zhu Nanwen. Bioleaching of spent Ni—Cd batteries by continuous flow system: Effect of hydraulic retention time and process load [J]. Journal of Hazardous Materials, 2008, 160 (2~3): 648~654.

[78] Wang Jingwei, Bai Jianfeng, Xu Jinqiu, et al. Bioleaching of metals from printed wire boards by Acidithiobacillus ferrooxidans and Acidithiobacillus thiooxidans and their mixture [J]. Journal of Hazardous Materials, 2009, 172 (2~3): 1100~1105.

[79] Ilyas Sadia, Ruan Chi, Bhatti H N, et al. Column bioleaching of metals from electronic scrap [J]. Hydrometallurgy, 2010, 101 (3~4): 135~140.

[80] Amiri F, Yaghmaei S, Mousavi S M. Bioleaching of tungsten-rich spent hydrocracking catalyst using Penicillium simplicissimum [J]. Bioresource Technology, 2011, 102 (2): 1567~1573.

[81] Pathak A, Dastidar M G, Sreekrishnan T R. Bioleaching of heavy metals from sewage sludge by indigenous iron-oxidizing microorganisms using ammonium ferrous sulfate and ferrous sulfate as energy sources: A comparative study [J]. Journal of Hazardous Materials, 2009, 171 (1~3): 273~278.

[82] Chi Tran D, Lee Jae-chun, Pandey B D, et al. Bioleaching of gold and copper from waste mobile phone PCBs by using a cyanogenic bacterium [J]. Minerals

Engineering, 2011, 24 (11): 1219 ~ 1222.

[83] Santhiya Deenan, Ting Yenpeng. Use of adapted Aspergillus niger in the bioleaching of spent refinery processing catalyst [J]. Journal of Biotechnology, 2006, 121 (1): 62 ~ 74.

[84] Mishra Debaraj, Kim Dong-Jin, Ralph D E, et al. Bioleaching of metals from spent lithium ion secondary batteries using *Acidithiobacillus ferrooxidans* [J]. Waste Management, 2008, 28 (2): 333 ~ 338.

[85] Zhang Guangji, Fang Zhaoheng. The contribution of direct and indirect actions in bioleaching of pentlandite [J]. Hydrometallurgy, 2005, 80 (1 ~ 2) 59 ~ 66.

[86] Sampson M I, Philips C V, Blake R C. Influence of the attachment of acidophilic bacteria during the oxidation of mineral sulfides [J]. Minerals Engineering, 2000, 13 (4): 643 ~ 656.

[87] Pistorio M, Curutchet G, Donati E, et al. Direct zinc sulphide bioleaching by Thiobacillus ferrooxidans and *Thiobacillus thiooxidans* [J]. Biotechnology letters, 1994, 16 (4): 419 ~ 424.

[88] Silverman M P. Mechanism of bacterial pyrite oxidation [J]. J. Bacteriol. 1967, 94 (4): 1046 ~ 1051.

[89] Porro S, Ramírez S, Reche C. Bacterial attachment: its role in bioleaching processes [J]. Process Biochemistry, 1997, 32 (7): 573 ~ 578.

[90] Fowler T A, Crundwell F K. Leaching of zinc sulfide by *thiobacillus ferrooxidans*: experiments with a controlled redox potential indicate no direct bacterial mechanism [J]. Applied and Environmental Microbiology, 1998, 64 (10): 3570 ~ 3575.

[91] Duncan D W, Landesman J, Walden C C. Role of *Thiobaeillus ferrooxidans* in the oxidation of sulfide minerals [J]. Canadian Journal of Microbiligy, 1967, 13 (4): 397 ~ 403.

[92] Torma A E. Microbiologial oxidation of synthetic cobalt, nickel and zinc sulfides by Thiobacillus ferrooxidans [J]. Revue Canadienne de Biologie. 1971, 30 (3): 209 ~ 216.

[93] Silver Marvin, Torma A E. Oxidation of metal sulfides by *Thiobaeillus ferrooxidans* grown on different substrates [J]. Canadian Journal of Mierobiology. 1974, 20 (2): 141 ~ 147.

[94] Sugio T, Munakata C, Munakata O, et al. Role of a ferric ion-reducing system in sulfur oxidation of thiobacillus ferrooxidans [J]. Appl. Environ. Microbiol, 1985, 49 (6): 1401 ~ 1406.

[95] Fowler T A, Crundwell F K. Leaching of sulfide by *Thiobacillus ferrooxidaus*: bacterial oxidation of the sulfide product layer increases the rate zinc sulfide athigh

concentrations offerrous ions [J]. Applied and Envkonmental Microbiology, 1999, 65 (12): 5285~5292.

[96] Fowler T A, Crundwell F K. The role of *Thiobacillus ferrooxidans* in the bacterial leaching of zinc sulphide [J]. Process Metallurgy, 1999, 9: 273~282.

[97] Olson G J, Brierley C L, Briggs A P. Bioleaching review part B: Progress in bioleaching: applications of microbial processes by the minerals industries [J]. Applied Microbiology and Biotechnology. 2002, 63 (3): 249~257.

[98] Modak J M, Natarajan K A, Mukhopadhyay S. Development of temperature tolerant strains of Thiobacillus ferrooxidans to improve bioleaching kinetics [J]. Hydrometallurgy. 1996, 42 (1): 51~56.

[99] Mahmood M N, Turner A K. The selective leaching of zinc from chalcopyrite sphalerite concentrates using slurry electrodes [J]. Hydrometallurgy, 1985, 14 (3): 317~329.

[100] Gericke M, Govender Y, Pinches A. Tank bioleaching of low-grade chalcopyrite concentrates using redox control [J]. Hydrometallurgy, 2010, 104 (3~4): 414~419.

[101] Harvey P I, Cmndwell F K. Growth of Thiobacillus ferrooxidans: a Novel Experimental Design for batch Growth and Baterial Leaching Studies [J]. Applied and Environmental Microbiology. 1997, 63 (7): 2586~2592.

[102] Tsuyoshi Sugio, Takayuki Katagiri, Kenji Inagaki, Tatsuo Tano. Actual substrate for elemental sulfur oxidation by sulfur: ferric ion oxidoreductase purified from Thiobacillus ferrooxidans [J]. Biochimica et Biophysica Acta (BBA) - Bioenergetics, 1989, 973 (2): 250~256.

[103] 李宏煦. 硫化矿细菌浸出过程的电化学机理及工艺研究 [D]. 长沙: 中南大学, 2001.

[104] Toniazzoa V, Lazarob L, Humbert B, et al. Bioleaching of pyrite by *Thiobacillus ferrooxidans*: fixed grains electrode to study superficial oxidized compounds [J]. Surface Geosciences, 1999, 328 (8): 535~540.

[105] Wang Zhaohui, Xie Xuehui, Xiao Shengmu, et al. Comparative study of interaction between pyrite and cysteine by thermogravimetric and electrochemical techniques [J]. Hydrometallurgy, 2010, 101 (1~2): 88~92.

[106] Shi Shaoyuan, Fang Zhaoheng, Ni Jinren. Comparative study on the bioleaching of zinc sulphides [J]. Process Biochemistry, 2006, 41 (2) 438~446.

[107] Nakasono Satoshi, Matsumoto Norio, Saiki Hiroshi. Electrochemical cultivation of *Thiobacillus ferrooxidans* by potential control [J]. Bioelectrochemistry and Bioenergetics, 1997, 43 (1): 61~66.

[108] López-Juárez A, Gutiérrez-Arenas N, Rivera-Santillán R E. Electrochemical behavior of massive chalcopyrite bioleached electrodes in presence of silver at 35℃ [J]. Hydrometallurgy, 2006, 83 (1~4): 63~68.

[109] Hansford G S, Vargas T. Chemical and electrochemical basis of bioleaching processes [J]. Hydrometallurgy, 2001, 59 (2~3): 135~145.

[110] Munoz J A, Blázquez M L, González F, et al. Electrochemical study of enargite bioleaching by mesophilic and thermophilic microorganisms [J]. Hydrometallurgy, 2006, 84 (3~4): 175~186.

[111] Liu Jianshe, Wang Zhaohui, Chen Hong, et al. Interfacial electrokinetic characteristics before and after bioleaching microorganism adhesion to pyrite. Trans [J]. Nonferrous Met. Soc. China, 2006, 16 (3): 676~680.

[112] Bevilaqua D, Acciari H A, Benedetti A V, et al. Electrochemical noise analysis of bioleaching of bornite (Cu$_5$FeS$_4$) by Acidithiobacillus ferrooxidans [J]. Hydrometallurgy, 2006, 83 (1~4): 50~54.

[113] Olubambi P A, Potgieter J H, Ndlovu S, et al. Electrochemical studies on interplay of mineralogical variation and particle size on bioleaching low grade complex sulphide ores [J]. Trans. Nonferrous Met. Soc. China, 2009, 19 (5): 1312~1325.

[114] 朱莉. 硫化铜矿微生物浸出的电化学及吸附机理研究 [D]. 绵阳: 西南科技大学. 2008.

[115] Mier J L, Ballester A, Blazquez M L, et al. Influence of metallic ions in the bioleaching of chalcopyrite by sulfolobus BC: Experiments using pneumatically stirred reactors and massive samples [J]. Miner. Eng. , 1995, 8 (9): 949~965.

[116] Miller J D, McDonough P J, Portillo H Q. Electrochemisty in silver catalyzed ferric sulfate leaching of chalcopyrite [J]. Electrochemical reactions and solution chemisty, 1981, 328~338.

[117] Priee D W, Warren G W. The influence silver ion on the electrochemical response of chalcopyrite and other mineral sulfide electrodes in sulfuric acid [J]. Hydrometallurgy. 1986. 15: 303~324.

[118] Palencia I, Romero R, Carranza F. Silver catalyzed IBES process: Application to a Spanish copper-zinc sulphide concentrate. Part 2. Biooxidation of the ferrous iron and catalyst recovery [J]. Hydrometallurgy, 1998, 48 (1): 101~112.

[119] Durtizae J E. The leaching of silver sulphide in ferric media [J]. Hydrometallurgy, 1994, 35 (3): 275~292.

[120] IstroOdziej B K. Digestion of silver in acidic ferric chloride and copper chlorine Solutions [J]. Hydrometallurgy, 1988, 20 (2): 219~233.

[121] Chen S Y, Lin J G. Enhancement of metal bioleaching from contaminated sediment

using silverion [J] . J. Hazard. Mater, 2009, 161 (2~3): 893~899.

[122] Guo P, Zhang G J, Cao J Y, et al. Catalytic effect of Ag^+ and Cu^{2+} on leaching realgar (As_2S_2) [J]. Hydrometallurgy, 2011, 106 (1~2): 99~103.

[123] Hu Yuehua, Qiu Guanzhou, Wang Jun, et al. Bioleaching of chalcopyrite [J]. Hydrometallurgy, 2002, 64 (2): 81~88.

[124] Chen S, Qin W Q, Qiu G Z, et al. Effect of Cu^{2+} ions on bioleaching of marmatite [J]. Tnonferr. Metal. Soc. , 2008, 18 (6): 1518~1522.

[125] Byerkey J J, Rempel G L, Garrido G F, Copper catalysed leaching of magnetite in aqueous sulfur dioxide [J]. Hydrometallurgy, 1979, 4 (4): 317~336.

[126] Scott T R, Dyson N F, The catalyzed oxidation of zinc sulfide under acid pressure leaching conditions [J]. Trans. Metall. Soc. AIME, 1968, 242: 1815~1821.

[127] Escudero M E, Gonzilez F, Blizquez M L, et al. The catalytic effect of some cations on the biological leaching of a Spanish complex sulphide [J]. Hydrometallurgy, 1993, 34 (2) 151~169.

[128] Ballester A, Gonzalez F, Bkizquez M L, et al. The Influence of Various Ions in the Bioleaching of Metal Sulphides [J]. Hydrometallurgy, 1990, 23 (2~3) 221~235.

[129] Gomez E, Ballester A, Blazquez M L. et al. Silver- catalysed bioleaching of a chalcopyrite concentrate with mixed cultures of moderately thermophilic microorganisms [J]. Hydrometallurgy. 1999, 51 (1): 37~46.

[130] Ahonen L, Tuovinen O H. Silver catalysis of the bacterial leaching of chalcopyrite containing ore material in column reactors [J]. Minerals Engineering, 1990, 3 (5): 437~445.

[131] Sandström A, Shchukarev A, Paul J. XPS characterisation of chalcopyrite chemically and bio-leached at high and low redox potential [J]. Minerals Engineering, 2005, 18 (5): 505~515.

[132] Ahmadi A, Schaffie M, Manafi Z. Electrochemical bioleaching of high grade chalcopyrite flotation concentrates in a stirred bioreactor [J]. Hydrometallurgy, 2010, 104 (1): 99~105.

[133] 贺政. 电化学处理对实现矿物分离及提高回收率的作用 [J]. 矿冶, 1998, 7 (4): 30~32.

[134] 石初华. 硫酸铁电化浸出黄铜矿精矿工艺研究 [D]. 南昌: 南昌大学, 2007.

[135] 王荣生. 外控电位电化学处理黄铁矿的浮选 [J]. 矿冶, 2004, 13 (2): 28~32.